Intensivmedizinisches Seminar

K. Lenz, A. N. Laggner (Hrsg.)

Band 5

Springer-Verlag Wien GmbH

Beatmung

(11. Wiener Intensivmedizinische Tage, 5.–6. Februar 1993)

G. Kleinberger, K. Lenz, R. Ritz,
H.-P. Schuster, G. Simbruner,
J. Slany (Hrsg.)

Springer-Verlag Wien GmbH

Prof. Dr. Kurt Lenz, Wien
Prof. Dr. Anton N. Laggner, Wien

Prof. Dr. Gunther Kleinberger, Steyr
Prof. Dr. Kurt Lenz, Wien
Prof. Dr. Rudolf Ritz, Basel
Prof. Dr. Hans-Peter Schuster, Hildesheim
Prof. Dr. Georg Simbruner, Wien
Prof. Dr. Jörg Slany, Wien

Gedruckt auf säurefreiem Papier

Die Wiedergabe von Gebrauchsnamen, Handelsnamen, Warenbezeichnungen usw. in
diesem Buch berechtigt auch ohne besondere Kennzeichnung nicht zu der Annahme,
daß solche Namen im Sinne der Warenzeichen- und Markenschutz-Gesetzgebung als
frei zu betrachten wären und daher von jedermann benutzt werden dürften.

Mit 16 Abbildungen

ISSN 0936-8507
ISBN 978-3-211-82438-2   ISBN 978-3-7091-7543-9 (eBook)
DOI 10.1007/978-3-7091-7543-9

Vorwort

Die respiratorische Insuffizienz stellt eines der zentralen Probleme des Patienten auf der Intensivstation dar. Durch Verbesserung der Technik in der maschinellen Beatmung und in den augmentierenden Verfahren ist es in den letzten Jahren gelungen, große Fortschritte in der Behandlung dieser Patienten zu erzielen. Zusätzliche Maßnahmen, wie die Applikation des Surfactant und die NO-Inhalation konnten weitere Verbesserungen in der Therapie erzielen. Hauptthema der 11. Wiener Intensivmedizinischen Tage war daher die Beatmung, deren wichtigste Vorträge im vorliegenden 5. Band des Intensivmedizinischen Seminars präsentiert werden. Dargestellt sind hier die Pathophysiologie der Beatmung, die Beatmung bei den verschiedenen Ursachen der respiratorischen Insuffizienz, die Probleme der Beatmung im Notfall, sowie das Für und Wider der verschiedenen Beatmungsformen. Ergänzt wird dies durch additive Maßnahmen, wie die Applikation des Surfactant beim Erwachsenen und beim Kind, die NO-Inhalation, die antibiotische Therapie, die Problematik der extrakorporalen CO_2-Elimination und der Hämofiltration, sowie der Lungentransplantation. Insgesamt soll dieses Buch den aktuellen Stand der Therapiemöglichkeiten beim respiratorischen Versagen geben und praktisch relevante Information für den Intensivmediziner bringen.

Mitten in den Vorbereitungen zu diesem Kongreß wurden wir vom Tode des Begründers der Österreichischen Gesellschaft für Internistische und Allgemeine Intensivmedizin, Prof. Dr. Dr. h.c. E. Deutsch, überrascht. Ihm, dem Mitbegründer und Schirmherrn dieser Veranstaltungsreihe, sei dieses Buch als letzter Dank gewidmet.

Wien, im Dezember 1992   Die Herausgeber

Inhaltsverzeichnis

Pathophysiologie der Beatmung

J. Peters

Abteilung für Klinische Anästhesiologie,
Zentrum für Anästhesiologie, Heinrich-Heine-Universität Düsseldorf,
Bundesrepublik Deutschland

Einführung

Sowohl eine Erhöhung des intratrachealen Druckes durch positiv
endexspiratorischen Druck (PEEP) oder kontinuierlichen positiven
Atemwegsdruck (CPAP) als auch der Wechsel zwischen Spontanatmung und maschineller Beatmung haben nicht selten erhebliche
Kreislaufeffekte zur Folge. Dabei ist zwischen den Effekten vonÄnde-
rungen des intrathorakalen Druckes, des Lungenvolumens und der
Atemarbeit zu differenzieren [24]. Die direkten mechanischen Kreislaufeffekte können dabei je nach den vorliegenden Rahmenbedingun-
gen (wacher bzw. narkotisierter Patient, Vorliegen einer obstruktiven
Lungenerkrankung oder Herzerkrankung, Blutvolumen, Sympathikusblockade durch kontinuierliche Periduralanalgesie) modifiziert und
durch reflektorische Kreislaufeinflüsse modifiziert werden (Abb. 1).

Bedeutung des intrathorakalen Druckes für die Herzfüllung

An narkotisierten beatmeten, sonst aber gesunden Tieren [17, 31] sowie
bei kreislaufgesunden normovolämischen Probanden hat die Erhöhung
des intratrachealen Druckes meist eine Abnahme des Schlag- und
Herzminutenvolumens [6, 7] und damit in aller Regel auch des
Sauerstofftransportes zur Folge. Ähnliche Auswirkungen hat eine Erhöhung des PEEP bei maschinell beatmeten Patienten mit akutem
Lungenversagen [8, 37] und auch der Übergang von spontaner auf

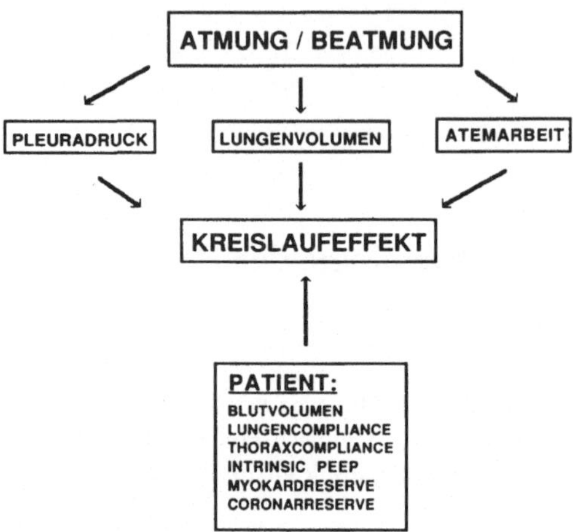

Abb. 1. Faktoren, die den Kreislaufeffekt einer Atmung bzw. Beatmung bestimmen. Neben Änderungen von intrathorakalem Druck, Lungenvolumen und Atemarbeit sind bei einem gegebenen Patienten die Randbedingungen häufig entscheidend

maschinelle Atmung ist häufig von einem Abfall des Herzminutenvolumens begleitet.

Die Ursache der Reduktion von Schlag- und Herzminutenvolumen liegt wahrscheinlich ganz überwiegend, wenn nicht ausschließlich, in einer Verminderung der diastolischen Herzfüllung, bedingt durch Verschiebung von Blut aus dem intrathorakalen in das extrathorakale Gefäßkompartiment [10]. Entsprechend konnten die meisten Untersucher bei Erhöhung der Atemwegsdrucke eine Abnahme der diastolischen Ventrikeldurchmesser, -volumina oder der geschätzten diastolischen transmuralen Ventrikeldrucke nachweisen [8, 14, 17, 37], welche durch Blutvolumenexpansion [31] oder Kompression kapazitiver Gefäße der unteren Körperhälfte durch Aufblasen eines MAST-Anzugs [22] reversibel sind.

Die Auswirkungen einer Erhöhung des Atemwegsdruckes von ca. 0 auf 10–12 cmH$_2$O auf die Blutfüllung von Herz, Thorax und abdomineller Organe zeigt Abb. 2. Danach kommt es unter Erhöhung des intrathorakalen Druckes zu einer Verminderung der Herzfüllung um ca. 10%, was einem Aderlass in der Größenordnung von ca. 300–400 ml Blut entspricht, und einer Blutvolumenverschiebung insbesondere in die kapazitiven Gefäße von Darm und Leber.

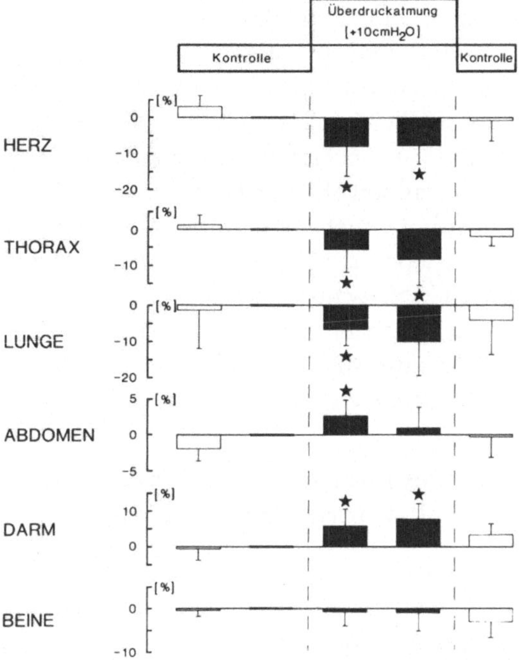

Abb. 2. Effekte einer Erhöhung des mittleren Atemwegdruckes von Null (Kontrolle, offene Säulen) auf 10–12 cmH_2O (CPAP, volle Säulen) auf das mit radioaktiv markierten Erythrozyten sequenzszintigraphisch (1 Scan = 7 Minuten) bestimmte regionale Blutvolumen von Herz, Lunge, Abdomen, Darm und Beinen bei gesunden Freiwilligen in Rückenlage. Dargestellt sind die prozentualen Änderungen relativ zum Kontrollwert während 25minütiger CPAP-Atmung. Die Erhöhung des intrathorakalen Druckes führt zu einer Blutvolumenverschiebung aus dem intrathorakalen in das intraabdominelle Kompartiment, insbesondere in den Darm. Quantitativ ähnliche, doch entgegengesetzte Effekte ergeben sich bei Beendigung der CPAP-Atmung (Mittelwerte ± 6, n= 7)

In welchem Ausmaß Reflexmechanismen diese Abnahme der Herzfüllung und des Schlagvolumens kompensieren können ist weitgehend unbekannt. Tierexperimentell gut dokumentiert ist allerdings, daß das autonome Nervensystem ganz erheblich zur Stabilisierung des arteriellen Druckes unter Überdruckatmung beitragen kann. Bei nicht sedierten Probanden kommt es unter Überdruckbeatmung zu einer Zunahme des efferenten Sympathikotonus zur Wadenmuskulatur mit Anstieg des regionalen Gefäßwiderstandes [34]. Ob dies Folge der durch Überdruckatmung induzierten Kreislaufänderungen ist oder, weniger wahrscheinlich, Begleiteffekt einer mangelnden Anpassung an die maschinelle Beatmung, bleibt allerdings offen.

Die beobachtete Vasokonstriktion scheint allerdings die Abnahme der Herzfüllung unter Überdruckatmung zumindest kurzfristig nicht kompensieren zu können. So fanden Stühmeier und Mitarbeiter an gesunden Probanden, daß sowohl eine Überdruckatmung als auch eine Periduralanästhesie mit weitgehender Ausschaltung efferenter sympathischer Kreislaufantriebe zu einer Abnahme der Herzfüllung von jeweils ca. 8% führen [35]. Wurden beide Interventionen kombiniert kam es nämlich zu lediglich additiven Effekten (16% Füllungsabnahme), wobei ein Teil der untersuchten Probanden kollabierte, nicht aber zu synergistischen Effekten.

Bedeutung des intrathorakalen Druckes für die linksventrikuläre Nachlast

Obwohl ein eindeutiger experimenteller Nachweis nach Auffassung des Autors noch nicht erbracht wurde, haben positive intrathorakale Drucke vermutlich primär einen für den linken Ventrikel nachlastsenkenden, negative Drucke einen nachlasterhöhenden Effekt. Ebenso wie sie den venösen Rückstrom in den Thorax beeinträchtigen, verkleinern positive Drucke nämlich andererseits die Druckdifferenz die erforderlich ist, um Blut während der Ejektion aus dem intrathorakalen linken Ventrikel in die extrathorakale arterielle Peripherie zu befördern. Der weitgehend analoge Effekt, nämlich ein Abfall des linksventrikulären Schlagvolumens unter Einwirkung eines kurzen negativen intrathorakalen Druckpulses bei konstanter Vorlast und Herzfrequenz, wurde jedenfalls beschrieben [25, 26]. Da allerdings beim Herzgesunden unter klinischen Bedingungen selbst eine erhebliche Erhöhung des Atemwegdruckes den mittleren intrathorakalen Druck relativ zu den systolischen Ventrikeldrucken nur vergleichsweise geringfügig anhebt und das suffiziente Herz nachlastunempfindlich ist, kommt einem unmittelbar nachlastsenkenden Effekt positiver intrathorakaler Drucke zumindest bei normaler Herzfunktion quantitativ vermutlich nur eine untergeordnete Rolle zu [29]. In dem Maße, in dem positive intrathorakale Drucke jedoch über eine Verminderung der Vorlast die Ventrikel diastolisch verkleinern, sollte es jedoch sekundär zu einer Abnahme der systolischen Wandspannung und damit von Nachlast und myokardialem Sauerstoffverbrauch kommen.

Bedeutung des intrathorakalen Druckes für die linksventrikuläre Kontraktilität

Eine Erhöhung des intrathorakalen Druckes per se scheint nicht von einer Abnahme der intrinsischen myokardialen Kontraktilität begleitet zu sein, zumindest bewegt sich der isolierte (denervierte) linke Ventrikel unter Umgebungsdrucken zwischen −100 mmHg und +100 mmHg auf der gleichen endsystolischen *transmuralen* Druck-Volumen Beziehung [21]. Für eine reflektorische Abnahme der linksventrikulären Kontraktilität und des systemischen Gefäßwiderstandes bei erheblicher Zunahme des Lungenvolumens im Sinne eines Lungendehnungsreflexes, wie in tierexperimentellen Untersuchungen [1] beschrieben, haben sich beim Menschen bisher keine Anhaltspunkte ergeben.

Bedeutung des Lungenvolumens

Als tierexperimentell gesichert kann gelten, daß eine Zunahme des Lungenvolumens (nicht des Atemwegs- oder Pleuradruckes per se) weit über die normale funktionelle Residualkapazität hinaus den pulmonalvaskulären Widerstand erhöht [38, 16]. Ob dies allerdings im Sinne einer Nachlasterhöhung für den rechten Ventrikel von klinischer Relevanz ist, insbesondere bei bestehender pulmonalvaskulärer Hypertonie im Rahmen des akuten Lungenversagens, kann gegenwärtig noch nicht beantwortet werden.

Bedeutung des intrathorakalen Druckes für die Koronarzirkulation

Eine Erhöhung des intrathorakalen Druckes führt in der Regel zu einer Abnahme des Koronarflusses [17]. Bei der Interpretation dieses Effektes sind verschiedene Faktoren zu bedenken, die in komplexer Weise miteinander verzahnt sind: a) koronarer Perfusionsdruck, b) Veränderungen des extravaskulären Umgebungsdruck der Koronarien [11, 33], c) myokardialer Sauerstoffverbrauch und d) Koronarreserve. In dem Maße, in dem ein erhöhter intrathorakaler Druck durch Minderung des Herzzeitvolumens einen Abfall des Aortendruckes und damit des koronaren Perfusionsdruckes induziert, muß es zwangsläufig zur Minderung des koronaren Blutflusses kommen, wenn nicht die Koronarien

kompensatorisch dilatieren. In vitro vermindert eine Erhöhung des das
Herz umgebenden Druckes am mit Adenosin dilatierten Koronarbett
den Blutfluß darüber hinaus auch dann, wenn Aortendruck und Herzminutenvolumen konstant gehalten werden, vermutlich durch extravaskuläre Kompression der Koronargefäße [11]. Der letztere Effekt ist
allerdings quantitativ gering. Da normale Koronarien über eine erhebliche Flußreserve verfügen, erscheint eine durch Erhöhung des intrathorakalen Druckes bedingte Minderung des Koronarflusses bei Patienten mit normalen Koronarien klinisch nicht relevant. Dies gilt um so
mehr als es unter Erhöhung des intrathorakalen Druckes in der Regel
zu einer der Minderung des Koronarflusses parallelen Senkung des
myokardialen Sauerstoffverbrauchs kommt [17], vermutlich durch
Verkleinerung der externen Herzarbeit.

Die Auswirkungen einer Beatmung auf den regionalen Sauerstoffverbrauch und die regionale Funktion des Myokards bei Patienten mit
schweren Koronarstenosen wurde bisher nicht untersucht, jedoch ist
bei Abfall des koronaren Perfusionsdruckes und reflektorischer Tachy-
kardie die Ausbildung einer Myokardischämie möglich.

Auswirkungen der Beatmung bei gestörter
linksventrikulärer Funktion

Der insuffiziente, durch eine Kardiomyopathie oder einen Infarkt
geschädigte Ventrikel zeigt eine im Vergleich zum normalen Ventrikel
stark veränderte Druck-Volumen Charakteristik (Suga et al. 1974): die
Herzfüllung ist in der Regel erhöht, die endsystolische Druck-Volumen Beziehung als Zeichen der verminderten Inotropie abgeflacht.
Dies läßt bereits vermuten, daß der kardial insuffiziente Patient unter
den Bedingungen einer Normo- oder Hypervolämie im Vergleich zum
Kreislaufgesunden auch im Hinblick auf beatmungsinduzierte Effekte
weniger empfindlich auf eine Verringerung der Vorlast, jedoch ausge-
sprochen empfindlich auf eine Erhöhung der Nachlast reagiert.

Tierexperimentelle Befunde stützen diese Einschätzung. Wird
nämlich durch Infusion von Glaskügeln in die Koronararterien eine
schwere (ischämische) Herzinsuffizienz induziert und die Kreislaufreaktion auf eine Erhöhung des PEEP bewertet, so fallen Herzminuten-
und Schlagvolumen unter diesen Bedingungen nicht ab, jedoch erheblich bei kreislaufintakten Tieren [17]. Auch unter diesen pathologischen Bedingungen nehmen globale myokardiale Durchblutung und

Sauerstoffverbrauch mit zunehmendem PEEP parallel zueinander ab [17]. Pauschal gesagt scheint also zumindest bei normalem Blutvolumen die kreislaufdepressive Wirkung erhöhter intrathorakaler Drucke umso geringer, je insuffizienter der linke Ventrikel. Bei der extremen Form der Herzinsuffizienz – dem Kreislaufstillstand – kann es schließlich durch intermittierende Erhöhung des intrathorakalen Druckes sogar zur Generierung von systemischem Blutfluß kommen [8, 27, 29].

Eine nur geringe oder völlig fehlende Kreislaufreaktion bei Erhöhung des PEEP ist auch bei Patienten mit ausgeprägter akuter (Infarkt) bzw. chronischer (Kardiomyopathie) Pumpinsuffizienz (Herzindex < 2.5 l/min/m^2, pulmonalkapillärer Verschlußdruck > 19 mmHg) beobachtet worden [15]. Schließlich kommt es beim Übergang von der maschinellen Beatmung auf Spontan- bzw. IMV-Atmung zwar bei Patienten mit nicht oder nur mäßig eingeschränkter Herzfunktion zu einer Schlagvolumenzunahme, nicht jedoch bei solchen mit erheblicher Einschränkung der Ventrikelfunktion [4, 20], wo das Herzminutenvolumen sogar abnehmen kann. All diese Beobachtungen sprechen dafür, daß Beatmung bzw. Applikation erhöhter intrathorakaler Drucke gerade bei herzinsuffizienten, normo- oder hypervolämen Patienten kaum mit Nebenwirkungen behaftet sind.

Schließlich ist möglich, daß positiv intrathorakale Drucke bei insuffizientem Ventrikel sogar einen nachlastsenkenden Effekt auf den linken Ventrikel ausüben können [29, 30]. Umgekehrt kann eine Senkung des intrathorakalen Druckes, z. B. beim Übergang von maschineller auf spontane Atmung im Rahmen der Entwöhnung, vermutlich sowohl durch eine primäre Erhöhung der Ventrikelfüllung als auch durch eine verminderte systolische Ventrikelentleerung die Nachlast erhöhen und damit bei Patienten mit eingeschränkter myokardialer Reserve die Herzfunktion erheblich negativ beeinträchtigen [18].

Dabei ist auch zu berücksichtigen, daß beim Übergang von kontrollierter maschineller auf spontane Atmung nicht nur der intrathorakale Druck abfällt, sondern durch die nun aktiven Zwerchfellkontraktionen auch der intraabdominelle Druck relativ zum Pleuradruck ansteigt. Dadurch mag es, insbesondere bei Erhöhung des Blutvolumens, über eine Translokation von Blut aus dem Splanchnikusgebiet in den Thorax zu einer weiteren Erhöhung der linksventrikulären Vor- und Nachlast kommen, die bei Patienten mit eingeschränkter Herzfunktion einer Entwöhnung vom Respirator entgegensteht [18, 23]. Daß in ihrer Herzfunktion beeinträchtigte Patienten im Anschluß an herzchirurgische Eingriffe auch bei exzellentem pulmonalem Gasaustausch solange nicht zu entwöhnen sind, wie es nicht zu einer Besserung der Herzfunktion kommt, wurde bereits in einer früheren Arbeit eindrucksvoll dargestellt [39].

Bedeutung der Beatmung bei gestörter Sauerstoffversorgung der Gewebe

Ein weiterer, vermutlich sehr wesentlicher Faktor, der eine primäre Beatmung bei gestörter Sauerstoffversorgung des Organismus insbesondere bei kardial geschädigten Patienten als von Vorteil und eine Spontanatmung als nachteilig erscheinen läßt, ist der erhöhte Sauerstoffverbrauch der Atemmuskulatur bei Spontanatmung. Experimentelle Befunde zeigen nämlich eindeutig, daß Tiere im kardiogenen Schock (induzierte Herzbeuteltamponade) bei Beatmung überleben, während spontan atmende Tiere trotz gleichem Herzminutenvolumen versterben [2, 3, 36]. Die Ursache ist aller Wahrscheinlichkeit nach darin zu suchen, daß es unter Spontanatmung zu einem erheblichen Anstieg der Atemarbeit und damit des Blutflusses in die Atemmuskulatur kommt, vermutlich nicht zuletzt bedingt durch den Versuch des Organismus, die beim kardiogenen Schock auftretende metabolische Azidose durch Hyperventilation respiratorisch zu kompensieren. Entsprechend betrug bei Spontanatmung der Anteil des Blutflusses zu den Atemmuskeln 20% des Herzminutenvolumens, gegenüber nur 3% unter maschineller Beatmung [36]. Es liegt auf der Hand, daß dieser Anteil im ersten Fall und limitiertem Sauerstofftransport den Vitalorganen nicht mehr zur Verfügung stehen kann. In den genannten Untersuchungen ist unter maschineller Beatmung die cerebrale und hepatische Durchblutung in der Tat höher als unter Spontanatmung.

Schließlich ist zu berücksichtigen, daß mit einer Zunahme der Arbeit der Atempumpe, welche normalerweise 2–5%, unter pathologischen Bedingungen aber 25% des Gesamtkörper-Sauerstoffverbrauchs betragen kann [12], an das Herz und damit auch die Koronardurchblutung erhöhte Anforderungen gestellt werden. Im Tierexperiment führt nämlich eine erhöhte Beanspruchung der Atempumpe durch Atmung gegen inspiratorische Strömungshindernisse zu einer Zunahme von Herzfrequenz, Herzminutenvolumen und Koronardurchblutung [28]. Da die Zunahme der Koronardurchblutung mit einer Steigerung des Herzfrequenz-Blutdruck-Produktes einhergeht, einem Indikator für Änderungen des myokardialen Sauerstoffverbrauches, ist sie überwiegend auf einen Anstieg des Sauerstoffverbrauchs des Herzens zurückzuführen. Es ist möglich, daß eine solche Kreislaufumstellung bei Patienten mit geringer oder fehlender Koronarreserve zu einer myokardialen Ischämie führen kann. In der Tat sind im Rahmen der Entwöhnung von der maschinellen Beatmung bei Patienten mit koronarer Herzerkrankung EKG-Veränderungen im Sinne einer Ischämie sowie Angina pectoris beschrieben worden [32].

Eine maschinelle Beatmung kann also den sonst für die Atemarbeit aufgebrachten Anteil am Sauerstofftransport für andere Organe verfügbar machen, ein therapeutische Option, die medikamentös nicht realisiert werden kann. Es scheint daher insbesondere beim kardialen Risikopatienten sinnvoll, durch geeignete Atemsysteme, unterstützende Beatmungsformen [5, 13, 19] oder auch durch eine kontrollierte maschinelle Beatmung unnötige Atemarbeit zu vermeiden.

Zusammenfassung

Wesentlicher Kreislaufeffekt einer Erhöhung des intrathorakalen Druckes im Rahmen der Beatmung ist die Verringerung der kardialen Füllung mit einer Verschiebung von Blut aus dem Thorax in die Splanchnikusorgane.

Umgekehrt bringt der Übergang von maschineller Beatmung auf Spontanatmung eine Reihe von Kreislaufeffekten mit sich, die beim Patienten mit normalem Myokard und ausreichender Koronarreserve eine untergeordnete, beim kardialen Risikopatient jedoch eine entscheidende Bedeutung haben können. Zu nennen sind: Zunahme der kardialen Vor- und Nachlast, vermehrte Atemarbeit und Umstellung des Koronar- und Systemkreislaufs im Sinne einer Leistungsanpassung bei erhöhter mechanischer Beanspruchung der Atempumpe. Es erscheint sinnvoll, diesen Veränderungen durch geeignete therapeutische Maßnahmen, wie pharmakologische Vor- und Nachlastsenkung, Diuretikatherapie, Minimierung der Atemarbeit durch Venwendung optimaler Atemsysteme etc. entgegenzutreten.

Ein kontrollierter Einsatz der Beatmung mit gezielter Variation der intrathorakalen Drucke kann umgekehrt therapeutisch dazu beitragen, die Vor- und Nachlast des Herzens im gewünschten Sinn schnell, nebenwirkungsarm und in sofort reversibler Art und Weise zu manipulieren. Bei akutem Herzversagen im Sinn eines low-output

Syndroms erscheint eine maschinelle Beatmung grundsätzlich solange indiziert bis es zu einer Besserung der kardialen Situation kommt. Hier macht eine maschinelle Beatmung durch Ruhigstellung der Atemmuskulatur einen unter Umständen erheblichen Anteil des Sauerstofftransportes für andere Organe verfügbar und schont das Herz, indem die für Perfusion der Atemmuskulatur erforderliche Herzarbeit einspart wird. In diesem Sinn eröffnet die Beatmung des Patienten mit Pumpversagen und Koronarischämie eine zusätzliche therapeutische Option.

Literatur

1. Ashton JH, Cassidy SS (1985) Reflex cardiovascular depression of cardiovascular function during lung inflation. J Appl Physiol 58: 137–145
2. Aubier M, Trippenbach T, Roussos C (1981) Respiratory muscle fatigue during cardiogenic shock. J Appl Physiol 51: 499–508
3. Aubier M, Viires N, Syllie G, Mozes R, Roussos C (1982) Respiratory muscle contribution to lactic acidosis in low cardiac output. Am Rev Resp Dis 126: 648–652
4. Beach T, Millen E, Grenvik A (1973) Hemodynamic response to discontinuance of mechanical ventilation. Crit Care Med 1: 85–90
5. Beydon L, Chasse M, Harf A, Lemaire F (1988) Inspiratory work of breathing during spontaneous ventilation using demand valves and continuous flow systems. Am Rev Resp Dis 138: 300–304
6. Cassidy SS, Eschenbacher WL, Robertson CH, Nixon JV, Blomqvist G, Johnson RL (1979) Cardiovascular effects of positive pressure ventilation in normal subjects. J Appl Physiol 47: 453–461
7. Cournand A, Motley HL, Werko L, Richards DW (1948) Physiological studies of the effects of intermittent positive pressure breathing on cardiac output in man. Am J Physiol 152: 162–174
8. Criley JM, Blaufuss AH, Kissel GL (1987) Cough-induced cardiac compression. JAMA 11: 1246–1250
9. Dhainaut J, Devaux JY, Monsallier JF, Brunet F, Villemant D, Huyghebaert MF (1986) Mechanisms of decreased left ventricular preload during continuous positive pressure ventilation in ARDS. Chest 90: 74–80
10. Fenn WO, Otis AB, Rahn H, Chadwick LE, Hegnauer AH (1947) Displacement of blood from the lung by pressure breathing. Am J Physiol 151: 258–265
11. Fessler HE, Brower RG, Wise R, Permutt S (1990) Positive pleural pressure decreases coronary perfusion. Am J Physiol 258: H814–820
12. Field S, Kelly SM, Macklem PT (1982) The oxygen cost of breathing in patients with cardiorespiratory disease. Am Rev Resp Dis 126: 9–13
13. Fleury B, Murciano D, Talamo C, Aubier M, Pariente R, Milic-Emili J (1985) Work of breathing in patients with chronic obstructive pulmonary disease in acute respiratory failure. Am Rev Resp Dis 131: 822–827

14. Gall SA, Olsen CO, Reves JG, McIntyre RW, Tyson GS, Davis JW, Rankin JS (1988) Beneficial effects of endotracheal extubation on ventricular performance. J Thorac Cardiovasc Surg 95: 819–827

15. Grace MP, Greenbaum DM (1982) Cardiac performance in response to PEEP in patients with cardiac dysfunction. Crit Care Med 10: 358–360

16. Graham R, Skoog C, Oppenheimer L, Rabson J, Goldberg HS (1982) Critical closure in the canine pulmonary vasculature. Circ Res 50: 566–572

17. Hevroy O, Reikeras O, Grundnes O, Mjos OD (1988) Cardiovascular effects of positive end-expiratory pressure during acute left ventricular failure in dogs. Clin Physiol 8: 287–301

18. Lemaire F, Teboul J-L, Cinotti L, Giotto G, Abrouk F, Steg G, Macquin-Mavier I, Zapol WM (1988) Acute left ventricular dysfunction during unsucessful weaning from mechanical ventilation. Anesthesiology 69: 171–179

19. Marini JJ, Rodriguez RM, Lamb V (1986) The inspiratory workload of patient-initiated mechanical ventilation. Am Rev Resp Dis 134: 902–909

20. Mathru M, Rao TLK, El-Etr AA, Pifam R (1982) Hemodynamic response to changes in ventilatory patterns in patients with normal and poor left ventricular reserve. Crit Care Med 10: 423–426

21. Midei MG, Maughan WL, Oikawa RY, Kass DA, Sagawa K (1987) Extracardiac pressure changes do not alter contractile function of the left ventricle. Ann Biomed Eng 15: 347–359

22. Payen DM, Brun-Buisson CJL, Carli PA, Huet Y, Leviel F, Cinotti L, Chiron B (1987) Hemodynamic, gas exchange, and hormonal consequenses of LBPP during PEEP ventilation. J Appl Physiol 62: 61–70

23. Permutt S (1988) Circulatory effects of weaning from mechanical ventilation: the importance of transdiaphragmatic pressure (Editorial). Anesthesiology 69: 157–160

24. Peters J, Robotham JL (1987) Hemodynamic effects of increased intrathoracic pressure. In: Vincent J-L, Suter PM (eds) Cardiopulmonary interactions in acute respiratory failure (Update in intensive care and emergency medicine, vol 2). Springer, Berlin Heidelberg New York Tokyo, pp 120–135

25. Peters J, Kindred MK, Robotham JL (1988) Transient analysis of cardiopulmonary interactions. 1. Systolic events. J Appl Physiol 64: 1518–1526

26. Peters J, Fraser C, Stuart S, Baumgartner W, Robotham JL (1989) Negative intrathoracic pressure decreases independently both left ventricular inflow and outflow. Am J Physiol 257: H120–131

27. Peters J, Ihle P (1990) Mechanics of the circulation during cardiopulmonary resuscitation. Part 1. Intensive Care Med 16: 20–27

28. Peters J, Ihle P (1992) Coronary and systemic vascular response to inspiratory resistive breathing. J Appl Physiol 72: 905–913

29. Peters J, Ihle P (1992) ECG-synchronized thoracic vest inflations in chronically instrumented dogs with intact circulation, autonomic blockade, myocardial ischemia, or cardiac arrest. J Appl Physiol (im Druck)

30. Pinsky MR, Marquez J, Martin D, Klain M (1987) Ventricular assist by cardiac cycle-specific increases in intrathoracic pressure. Chest 91: 709–715

31. Qvist J, Pontoppidan H, Wilson RS, Lowenstein E, Laver MB (1975) Hemodynamic responses to mechanical ventilation with PEEP: the effect of hypervolemia. Anesthesiology 42: 45–55

32. Räsänen J, Väisänen IT, Heikkila J, Nikki P (1984) Acute myocardial infarction complicated by respiratory failure. The effects of mechanical ventilation. Chest 85: 21–28

33. Satoh S, Watanabe J, Keitoku M, Itoh N, Maruyama Y, Takishima T (1988) Influences of pressure surrounding the heart and intracardiac pressure on the diastolic coronary pressure-flow relation in excised canine heart. Circ Res 63: 788–797

34. Sellden H, Sjövall H, Wallin BG, Häggendal J, Ricksten S-E (1989) Changes in muscle sympathetic nerve activity, venous plasma catecholamines, and calf vascular resistance during mechanical ventilation with PEEP in humans. Anesthesiology 70: 243–250

35. Stühmeier KD, Hopf HB, Langen KJ, Wüst HJ, Arndt JO: Positive Atemwegsdrücke vermindern die Herzfüllung unter Epiduralanästhesie beträchtlich und begünstigen das Entstehen von Synkopen am Menschen. Anaesthesist 41 [Suppl 1]: 139

36. Viires N, Sillye G, Aubier M, Rassidakis A, Roussos C (1983) Regional blood flow distribution in dog during induced hypotension and low cardiac output. Spontaneous breathing versus artificial ventilation. J Clin Invest 72: 935–947

37. Viquerat CE, Righetti A, Suter PM (1983) Biventricular volumes and function in patients with adult respiratory distress syndrome ventilated with PEEP. Chest 83: 509–514

38. Whittenberger JL, McGregor M, Berglund E, Borst HG (1960) Influence of state of inflation of the lung on pulmonary vascular resistance. J Appl Physiol 15: 878–882

39. Wolff G, Grädel E (1975) Haemodynamic performance and weaning from mechanical ventilation following open-heart surgery. Eur J Intensive Care Med 1: 99–104

Korrespondenz: Priv. Doz. Dr. med. J. Peters, Abteilung für Klinische Anästhesiologie, Heinrich-Heine-Universität Düsseldorf, Moorenstraße 5, D-W-4000 Düsseldorf 1, Bundesrepublik Deutschland

Mechanical ventilation in acute airway obstruction

F. Feihl

Institut de physiopathologie, Centre Hospitalier Universitaire Vaudois,
Lausanne, Switzerland

In the setting of airflow obstruction, acute respiratory failure of
sufficient severity to request mechanical ventilation ocurs mainly in
acute severe asthma and in the acute exacerbation of chronic obstructive
pulmonary diseases (COPD). These clinical circumstances will be
collectively referred to as „acute airway obstruction".

Indications for mechanical ventilation

In both acute severe asthma and the acute excerbation of COPD,
mechanical ventilation must be instituted sparingly because of the
number of potential complications. In our experience [3] and that of
others [5], there are five circumstances in which mechanical ventilation
is indicated: coma, apnea, a rising $PaCO_2$ in spite of adequate and
agressive treatment; worsening conciousness; exhaution.

Technique of intubation

The technique for endotracheal intubation requires some precautions.
The most important one is an adequate preoxygenation. Manual
ventilation with pure oxygen is performed after IV diazepam. In some
patients, muscle relaxation with pancuronium bromide may be neces-
sary to obtain adequate ventilation. The orotracheal will be preferred to
the nasotracheal route, because it allows the insertion of a larger
endotrachal tube (n0 8 or higher); the added resistance will be smaller
and suctioning access will be easier.

Pathophysiology

All forms of acute airway obstruction are characterized by an extreme mechanical heterogeneity of the lung. At end-expiration, some aereas may be nonrecruitable because of complete airway occlusion due to impacted secretions. Other areas are open but overinflated because of incomplete emptying due to abnormally long mechanical time constants related to partial airway obstruction and/or locally reduced elastic recoil; in such areas, the end-expiratory alveolar pressure is positive relative to the pressure at the airway opening, an effect commonly designated as auto-PEEP [4]. Finally a certain, possibly small fraction of the lung may be relatively normal [6]. In such conditions, attempts to normalize the overall alveolar ventilation with positive pressure mechanical ventilation can cause: 1) overdistension of the normal or near normal areas because these receive the largest part of the tidal volume [6], and 2) a further increase in the end-expiratory volume of areas with long mechanical time constants, due to an insufficient expiratory time [9]. This may lead to hemodynamic impairment and to severe maldistribution of the ventilation/perfusion ratio with a potential shift of perfusion to poorly ventilated areas. Furthermore, the risks of pulmonary barotrauma increase considerably.

Initial phase of mechanical ventilation

In the first few hours or days following intubation, the primary goals of mechanical ventilation are to restore adequate O_2 delivery and to provide respiratory muscle rest. In order to avoid excessive pulmonary overdistension, hypoventilation and hypercapnia must often be accepted. This strategy of „permissive hypercapnia" represents a compromise between the need to correct hypoxemia and the necessity to limit the risks associated with excessive airway pressures, which appear much larger than those of hypercapnia itself [4].

Ventilation is performed in a volume-controlled mode using a low respiratory rate (6–10 cycles/min) and a low tidal volume (6–10 ml/kg). To further reduce auto-PEEP, inspiratory flow must be set to a relatively high level (> 70 l/min) in order to minimize inspiratory time and maximize expiratory time [5, 9, 10]. FIO_2 is set to 0.6 or more. Subsequently, these initial ventilatory settings are adjusted as needed to obtain an end-inspiratory plateau airway pressure inferior to 40–50 cm H_2O and an arterial O_2 saturation of at least 90%.

Because permissive hypercapnia requires deep sedation (Midazolam), associated or not with muscle relaxation (Pancuronium bromide), every effort should be made to avoid its prolonged use, in order to prevent muscle atrophy and adverse retention of bronchial secretions (due to lack of coughing).

Support phase of mechanical ventilation

In this phase, attention shifts progressively from the agressive treatment of the underlying condition to the prevention of respiratory muscles deconditioning. An adequate nutritional support is essential. Some level of respiratory muscles activity must be allowed, at all times ensuring that the patient is comfortable and does not develop excessive effort potentially leading to respiratory muscle fatigue. For this purpose, an assist-control (AMV) or a synchronized intermittent mandatory mode (SIMV) can be used, with tidal volume and inspiratory flow rate set as described previously.

Aside from the level of ventilatory support, two points need consideration when tuning the ventilator to avoid excessive patient effort. First, with SIMV, it is usefull to add at least 5 cm H_2O of inspiratory pressure support (IPS), in order to compensate for the resistance of the endotracheal tube during spontaneous breaths. Second whenever auto-PEEP is predominantly due to dynamic airway collapse during expiration, the inspiratory threshold load represented by the positive end-expiratory alveolar pressure can be alleviated by applying a moderate level (3 to 5 cm H_2O) of external PEEP [4, 7].

Weaning

Prolonged ventilator dependency is a nonexceptional consequence of mechanical respiratory assistance in patients with COPD [5]. Reasons for a difficult weaning include high breathing workloads (insufficient resolution of airway obstruction and reduced respiratory compliance related to persitent pulmonary hyperinflation), an inability to sustain them (muscle weakness, thoracic hyperinflation which puts the respiratory muscles at a mechanical disadvantage, blunted respiratory drive, concomittent heart failure) and psychological problems [1, 5, 8]. Weaning should be prepared by carefully correcting electrolyte imbalance, bringing arterial PCO_2 close to preintubation levels, ensuring a near normal arterial SaO_2, optimizing respiratory mechanics, establishing cardiovascular support when needed, and finally by providing adequate rest, sleep and psychological conditioning. Graded ventilator withdrawal can be accomplished with a variety of techniques: results from a recent prospective trial indicate some superiority of graded pressure support withdrawal over the more conventional approaches (SIMV or intermittent T-piece trials) [2]. Although various indices of respiratory function have been proposed to predict the success of a weaning attempt, this seems best accomplished by a 2-hours T-piece trial [1].

References

1. Benito S, Vallverdu I, Mancebo J (1991) Which patients need a weaning technique? In: Marini JJ, Roussos C (eds) Ventilatory failure. Springer, Berlin Heidelberg New York Tokyo, pp 419–429
2. Brochard L, Rauss A, Benito S, Conti G, Mancebo J, Rekik N, Lemaire F (1990) Comparaison de trois modalitès de sevrage de la ventilation artificielle. Rèsultats d'un essai multicentrique europèen. Rèan Soins Intens Mèd Urg 6: 517
3. Darioli R, Perret C (1984) Mechanical controlled hypoventilation in status asthmaticus. Am Rev Respir Dis 129: 385–387
4. Marini JJ (1989) Should PEEP be used in airflow obstruction. Am Rev Respir Dis 140: 1–3
5. Marini JJ (1991) Ventilatory management of COPD. In: Cherniack NS (eds) Chronic obstructive pulmonary disease. Saunders, Philadelphia, pp 495–507
6. Perret C, Feihl F (1992) Respiratory failure in asthma: management of the mechanically ventilated patient. In: Vincent JL (ed) Update in intensive care medicine. Springer, Berlin Heidelberg New York Tokyo, pp 364–371
7. Smith TC, Marini JJ (1988) Impact of PEEP on lung mechanics and work of breathing in severe airflow obstruction. The effect of PEEP on auto-PEEP. J Appl Physiol 65: 1488–1499
8. Tobin MJ, Jubran A (1992) Difficult weaning. In: Vincent JL (ed) Yearbook of intensive care and emergency medicine. Springer, Berlin Heidelberg New York Tokyo, pp 393–398
9. Tuxen DV, Lane S (1987) The effects of ventilatory pattern on hyperinflation, airway pressures, and circulation in mechanical ventilation of patients with severe airflow obstruction. Am Rev Respir Dis 136: 872–879
10. Williams TJ, Tuxen DV, Scheinkestel CD, Czarny D, Browes G (1992) Risk factors for morbidity in mechanically ventilated patients with acute severe asthma. Am Rev Respir Dis 146: 607–615

Correspondence: Dr. F. Feihl, PPA BH19-313, CHUV, CH-1011 Lausanne, Switzerland

Beatmung des Patienten mit Pneumonie

W. Sybrecht

Medizinische Universitätsklinik und Poliklinik, Innere Medizin V,
Homburg/Saar, Bundesrepublik Deutschland

Pneumonien als erregerbedingte Lungenerkrankungen zeigen uneinheitliche Parenchymläsionen. Daraus folgt, daß auch das Ausmaß der läsionsbedingten Änderung der Atemmechanik, des Gasaustausches und der Organkomplikationen der anderen Organe unterschiedlich ist. Die Notwendigkeit zur mechanischen Beatmung kann sich dabei aus Defiziten und Manifestationen in allen drei genannten Bereichen ergeben. Schwere Veränderungen der Atemmechanik bedingen ein drohendes respiratorisches hyperkapnisches Pumpversagen mit der potentiellen Konsequenz eines plötzlich einsetzenden Multiorganversagens bei akuter respiratorischer Azidose und plötzlichem Tod. In diesen Fällen ist die mechanische Beatmung Grundvoraussetzung für ein Überleben des Patienten durch Erhaltung der CO_2-Clearance. Da ausgeprägte Anschoppung von Alveolarbezirken zu stark erniedrigten Ventilations-Perfusionsquotienten führt, ist eine ausgeprägte Hypoxämie die Folge. Schwere Störungen dieser Art können häufig nicht allein durch Oxygenationssupport behandelt werden (F_IO_2-Erhöhung), da hierdurch nicht das drohende Multiorganversagen verhindert werden kann. Das Herzzeitvolumen, welches ohne Beatmung zu einem großen Teil in die hochbelastete, mit vermindertem Wirkungsgrad arbeitende Inspirationsmuskulatur verteilt wird, steht unter Beatmung wieder für die Perfusion der anderen Organe zur Verfügung. Es muß jedoch ein Beatmungsverfahren gewählt werden, das die Atemarbeit des Patienten so reduziert, daß in der Tat keine hohe Perfusionsrate für die Inspirationsmuskulatur notwendig wird. Außerdem muß die Beatmungstechnik die zugrunde liegenden Läsionen und insbesondere vorbestehende kardio-respiratorische Störungen berücksichtigen und den potentiellen Schaden bezüglich Barotrauma, Sauerstoff-Toxizität und der adversen Wirkungen auf die Ventrikelfunktionen minimieren.

Korrespondenz: Prof. Dr. G. W. Sybrecht, Innere Medizin V, Medizinische Universitätsklinik und Poliklinik, D-W-6650 Homburg/Saar, Bundesrepublik Deutschland

Beatmung bei Herzinsuffizienz – Einfluß der Beatmung auf das Herzkreislaufsystem

K. Lenz

Intensivstation, Klinik für Innere Medizin IV, Wien, Österreich

Einleitung

Die Atmung und Beatmung kann das Herz-Kreislaufsystem auf verschiedene Art und Weise beeinflussen. Die Beatmung führt über eine Lungendehnung zu reflektorischen Änderungen des Widerstandes im systemischen Kreislauf (Vasodilation), sowie durch Veränderung der Oberflächendrucke zu Widerstandsänderungen in Gefäßen des Lungenkreislaufes. Über Änderungen des intrathorakalen Druckes kommt es zu Druckdifferenzen zwischen intra- und extrathorakalen Gefäßen, woraus sich Änderungen im venösen Rückfluß bzw. arteriellen Ausstrom ergeben. Ob im Endeffekt ein negativer oder ein positiver Effekt auf die Kardiozirkulation übrigbleibt, hängt einerseits ab von den induzierten intrathorakalen Drucken ([Be]Atmung mit positiven oder negativen Drucken), andererseits aber auch von der Ausgangssituation bzw.-funktion des Herzkreislaufsystems des Patienten. In Abhängigkeit vom Volumenstatus und von der Funktion des rechten und linken Ventrikels können die verschiedenen Beatmungsformen sehr divergente Kreislaufeffekte hervorrufen, wodurch ein und dieselbe Beatmungsform bei einem Patienten zu einer Zunahme des Herzminutenvolumens, bei einem anderen zu einer Abnahme desselben führen kann.

Lungendehnung

Eine Lungendehnung führt zu einer Vasodilation, Abnahme der Herzfrequenz und der Kontraktilität im Tierexperiment [1]. Es wird dafür eine Stimulierung bronchialer und interstitieller Dehnungsrezeptoren verantwortlich gemacht, die über vagale Bahnen zur Impulsantwort führen. Die klinische Relevanz dieser Befunde dürfte jedoch in der sehr komplexen Antwort des Herzkreislaufsystems auf die Beatmung mit positivem Druck sehr gering sein.

Intrathorakale Druckveränderungen

Die sicherlich ausgeprägteste Beeinflussung des Herzkreislaufsystems wird durch Veränderungen des intrathorakalen Druckes verursacht. Die Beatmung mit positiven Drucken führt zu einer Erhöhung des intrathorakalen Druckes. Das Ausmaß der Druckübertragung auf den Pleuraraum ist abhängig von der Dehnbarkeit der Lunge und des Thorax. Bei einer gesunden, gut dehnbaren Lunge kommt es bei vergleichbaren Drucken zu einer stärkeren intrathorakalen Volumen- und Druckzunahme, als bei Patienten mit Lungenerkrankungen, die mit einer Compliancestörung der Lunge einhergehen. Voraussetzung ist eine vergleichbare Dehnbarkeit des Thorax, bzw. des Zwerchfells [3]. Ist dies nicht der Fall z. B. bei Aszites usw. so kommt es zu einer stärkeren Druckzunahme, bedingt durch die geringere Größenzunahme des Innenraumes des Thorax. Eine kranke steife Lunge führt daher bei normalen Thoraxwandverhältnissen zu relativ geringen intrathorakalen Druckveränderungen. Bei einer gesunden Lunge werden etwa 75% des Atemwegsdruckes auf den Pleuraraum übertragen, bei Patienten mit ARDS sinkt dieser Wert auf unter 30% ab.

Einfluß intrathorakaler Druckveränderungen auf das Herzkreislaufsystem

Der intrathorakale Druck ist jener Umgebungsdruck, dem alle intrathorakalen Gefäße und das Herz ausgesetzt sind. Hohe positive intrathorakale Drucke führen daher auch zu einer Zunahme der intravasalen Drucke bei gleichbleibenden oder eventuell sogar abnehmenden intravasalen Volumina. Der transmurale Druck (Gefäßinnendruck minus äußerem Oberflächendruck) bleibt gleich oder sinkt ab.

Die Zunahme der Drucke in den intrathorakalen Gefäßen im Vergleich zu den Drucken der extrathorakalen Gefäße hat sehr große Auswirkungen auf das Herzkreislaufsystem. Die Zunahme des intrathorakalen venösen Systems führt bei gleichbleibendem Füllungsdruck zu einer Abnahme des venösen Rückflusses. Die Größe des venösen

Rückflusses ist wiederum mitverantwortlich für die Höhe des Schlagvolumens. Durch diese Druckdifferenz kommt es zu einer Verlagerung von Blutvolumen aus dem intrathorakalen in den extrathorakalen Raum. Diese Volumenzunahme, sowie v.a. die Aktivierung vasopressorischer Reflexe führt zu einer Anhebung des systemischen Füllungsdruckes, wodurch der venöse Rückfluß wiederum angehoben wird. Andererseits vermindern Zustände, bei denen diese Reflexe bereits voll ausgeschöpft sind – wie Hypovolämie – oder nicht verfügbar sind – wie bei Sympathikusblockade –, diese Gegenreaktion, die hämodynamischen Auswirkungen sind verstärkt.

Bei Patienten mit kardiogenem Lungenödem kommt es über diesen Mechanismus zu einer deutlichen Besserung der Lungenstauung, bei Patienten mit Hypovolämie hingegen kann es zu einem bedrohlichen Abfall des Herzminutenvolumen kommen. Die Vorlast des rechten Ventrikels wird durch Beatmung mit positiven Drucken vermindert. In echokardiographischen Untersuchungen von Jardin et al. [2] fanden sich jedoch auch Hinweise, daß bei Überdruckbeatmung mit sehr hohen PEEP Werten auch die Nachlast des rechten Ventrikels beeinflußt wird. Der erhöhte Aveolardruck führt zu einer Kompression der Kapillaren. Ist hierbei der Druck nicht höher als der linke Vorhofsdruck, wird das Blut Richtung linkes Herz gepreßt (Zone III nach WEST). Ist der Druck jedoch höher (Zone II), sistiert der Blutfluß (Abnahme des venösen Rückflusses zum linken Herz – Zunahme des pulmonalarteriellen Druckes – Zunahme der Nachlast des rechten Ventrikels). Dieser Effekt ist für den Patienten mit Rechtsherzinsuffizienz u.U. deletär, für den Patienten mit Linksherzinsuffizienz und Lungenödem günstig. Die exzessive Erhöhung der rechtsventrikulären Nachlast kann jedoch bei gleichzeitiger Volumenzufuhr zu einer massiven Zunahme des endiastolischen Volumen des rechten Ventrikels führen. Das Herz ist durch das Perikard nicht unendlich dehnbar, sodaß hier interventrikuläre Veränderungen stattfinden können – es kann zu einer Abflachung des Septums bzw. zu einem Septumshift, mit negativer Beeinflussung der endiastolischen linksventrikulären Füllung kommen. Dies dürfte wenn überhaupt, nur bei exzessiv hohen PEEP Werten (>20mmHg) relevant sein. Weiters ist zu beachten, daß durch PEEP eine Verbesserung der Hypoxie bedingten Vasokonstriktion einzelner Gefäßabschnitte im Pulmonalisstromgebiet eintritt, wodurch der Gefäßwiderstand wiederum absinkt und die Nachlast verringert wird. Der Widerstand extraalveolärer Gefäße ist bei erniedrigter funktioneller Residualkapazität (FRC) zusätzlich erhöht.

Eine Erhöhung der FRC führt hierdurch ebenfalls zu einer Verminderung der Nachlast.

Kompression des Herzens

Eine Zunahme des Lungenvolumens führt auch zu einer Zunahme des Oberflächendruckes auf das Herz. Eine echte Kompression des Herzens dürfte jedoch in der Regel nur in Ausnahmefällen entstehen.

Einfluß auf die Nachlast

Die intrathorakale Druckerhöhung beeinflußt jedoch nicht nur das Niederdrucksystem, sondern auch das Hochdrucksystem. Durch Einwirkung auf das intrathorakale Hochdrucksystem entsteht eine Druckdifferenz zum extrathorakalen arteriellen System – Blut fließt entlang diesem Druckgradienten aus dem Thorax. Ein negativer Druckgradient hingegen führt zu einer Erhöhung der Nachlast durch Aufbau eines entgegengesetzten Druckgradienten. Diese theoretischen Überlegungen wurden in vielen klinischen Untersuchungen bestätigt. So konnte bei Patienten mit KHK während eines Müller Manövers (starke Inspiration bei geschlossener Glottis) eine Herabsetzung der Auswurffraktion und Entwicklung regionaler Herzwanddyskinesien gefunden werden [7]. Bei gesunden Probanden war dies nicht der Fall. Der gesunde Herzmuskel arbeitet über weite Druckbereiche Nachlast unabhängig. Bei Patienten mit hohen PCWP Werten im Rahmen einer Linksherzinsuffizienz konnte durch die Beatmung mit PEEP eine Erhöhung des HZV erzielt werden [5, 6]. Dies wurde auf eine beatmungsbedingte Verringerung der Nachlast zurückgeführt.

Beatmung bei Herzinsuffizienz

Aufgrund dieser Befunde können bei Patienten mit Herzinsuffizienz folgende Veränderungen durch eine Beatmung mit positiven Drucken erwartet werden:

Bei Patienten mit Rechtsherzinsuffizienz kommt es primär durch Abnahme des venösen Rückflusses zu einer Verschlechterung des HZV. Dies kann durch eine Volumenzufuhr ausgeglichen werden. Eine Nachlasterhöhung ist nur bei sehr hohen PEEP Werten zu erwarten. Hier kann durch eine zusätzliche Verlagerung des interventrikulären Septums auch der gesunde linke Ventrikel in seiner Funktion beeinträchtigt werden.

Relevant könnte dies auch bei geringeren PEEP Werten bei Patienten mit Pulmonalembolie werden. Durch eine beatmungsbedingte Erhöhung der Nachlast in nicht betroffenen Gefäßabschnitten kann hierbei die rechtsventrikuläre Funktion weiter beeinträchtigt werden. Bei Patienten mit einem Rückwärtsversagen des linken Herzens kann die Beatmung mit positiven Drucken auf mehreren Wegen zu einer Besserung führen. Die Verminderung des venösen Rückflusses hat einen „Nitroeffekt". Die Verbesserung des Lungenödems führt zu einer Besserung der Oxygenierung. Die Verminderung des venösen Rückflusses führt zu einer geringeren Füllung des linken Ventrikels und damit Abnahme der Wandspannung. Initial könnte dies durch einen vermehrten Abstrom des pulmonalen Blutvolumens (aus der Zone III) kompensiert werden. Eine weitere Abnahme des diastolischen Füllungsdruckes wird durch die zusätzliche Abnahme der Nachlast verursacht. Dadurch, daß das intrathorakale Kreislaufsystem auf ein erhöhtes Druckniveau gebracht wird, entsteht ein peripherer arterieller vasodilatorischer Effekt, der mit einer Entlastung des insuffizienten linken Ventrikels einhergeht.

Durch das Lungenödem kommt es jedoch nicht nur zu einer Störung des Gasaustausches und damit konsekutiv auch zu einer weiteren Abnahme der Sauerstoffverfügbarkeit in der Peripherie, sondern auch zu einer Zunahme der Atemarbeit. Diese Erhöhung des Energiebedarfes führt zu einer weiteren Dekompensation des Mißverhältnisses zwischen Sauerstoff-Angebot und Sauerstoff-Bedarf. Durch Abnahme der Atemarbeit mit Erhöhung der inspiratorischen O_2-Konzentration kann daher bereits mit augmentierenden Spontanatemhilfen eine effektive Besserung dieses Mißverhältnisses erzielt werden [6].

Literatur

1. Ashton JH, Cassidy SS (1985) Reflex depression of cardiovascular function during lung inflation. J Appl Physiol 58: 137–145
2. Jardin F, Farcot D-C, Boisante L, Curien N, Margairez A, Bourdarias J-P (1981) Influence of positive end-exspiratory pressure on left ventricular performance. N Engl J Med 304: 387–392
3. Peters J (1991) Wirkungen und Nebenwirkungen der Beatmung auf Lungen-, Herz- und Kreislauffunktion. In: Kilian J, Benzer H, Ahnefeld FW (Hrsg) Grundzüge der Beatmung. Springer, Berlin Heidelberg New York Tokyo, S 343–363

4. Pinsky MR, Marquez J, Martin D, Klain M (1987) Ventricular assist by cardiac cycle specific increases in intrathoracic pressure. Chest 91: 709–715
5. Räsänen J, Nikki P, Heikkilä J (1984) Acute myocardinal infarction complicated by respiratory failure. The effect of mechanical ventilation. Chest 85: 21–28
6. Räsänen J, Väisänen IT, Heikkilä J, Nikki P (1985) Acute myocardinal infarction complicated by left ventricular dysfunction and respiratory failure. The effects of continuous positive airway pressure. Chest 87: 158–162
7. Scharf SM, Bianco JA, Tow DE, Brown R (1981) The effects of large negative intrathoracic pressure on left ventricular function in patients with coronary artery disease. Circulation 63: 871–874

Korrespondenz: Prof. Dr. K. Lenz, Intensivstation, Klinik für Innere Medizin IV, Währinger Gürtel 18–20, A-1090 Wien, Österreich

Volumenkontrollierte vs. druckkontrollierte Beatmung

H. Burchardi und **M. Sydow**

Zentrum Anaesthesiologie, Rettungs- und Intensivmedizin,
Universität Göttingen, Bundesrepublik Deutschland

Definitionen

Volumenkontrollierte Beatmung

Bei dieser kontrollierten Beatmungsform wird das Hubvolumen dosiert und konstantgehalten. Wird gleichzeitig die Frequenz festgelegt, so bleibt das Minutenvolumen konstant. Der inspiratorische Flow variiert zwischen konstantem und dezelerierendem Flowmuster. Bei der volumenkontrollierten Beatmung muß der Atemwegsspitzendruck überwacht werden.

Druckkontrollierte Beatmung

Hierbei wird der inspiratorische Druck eingestellt und konstantgehalten (Druckbegrenzung). Der inspiratorische Flow ist zur Füllung des ventilierten Lungenvolumens primär hoch und dezeleriert dann rasch. Hubvolumen und damit auch Minutenvolumen sind nicht festgelegt sondern passen sich den momentanen Eigenschaften der Lungen an. Daneben beeinflussen eine eventuelle Eigenatmung des Patienten sowie Systemwiderstände (Bronchospastik, Tubusobstruktion) das Tidalvolumen. Daher muß bei der druckkontrollierten Beatmung das Tidal- bzw. Minutenvolumen überwacht werden.

Atemzeitverhältnis (I:E)

Diese Relation zwischen Inspirations- und Exspirationszeit ist eine weitere wichtige Größe zur Beeinflussung des pulmonalen Gasaustausches in schwer pathologischen Lungen. Bei Werte > 1:1, d. h. mit längerer Inspirationsdauer und verkürzter Exspiration, sprechen wir von der „inversed ratio ventilation" (IRV) [2], die sowohl bei volumenkontrollierter als auch bei druckkontrollierter Beatmung eingesetzt werden kann.

Aus historischen Gründen ist die *volumenkontrollierte* Beatmungsform die üblichste; möglicherweise auch deshalb, weil die Erhaltung einer ausreichenden alveolären Ventilation als primäres Ziel der Beatmung angesehen wurde. Seit 1984 werden bei Beatmung im akuten Status asthmaticus durch Begrenzung des Beatmungsdrucks (und damit des Hubvolumens) überzeugende klinische Erfolge erzielt [4]. Beim restriktiven Akuten Lungenversagen (ARDS) dagegen wurde die *druckkontrollierte* Beatmung, kombiniert mit inversem Atemzeitverhältnis (PC-IRV), zwar bereits 1982 von Lachmann [10] empfohlen, sie gewann aber nur zögernd Aufmerksamkeit. Insbesondere liegen bislang kaum überzeugende klinische Studien für ihre bessere Wirksamkeit vor. Eine Untersuchung an 31 ARDS-Patienten [17] ließ zwar eine Verbesserung des pulmonalen Gasaustausches vermuten, der Vergleich mit der volumenkontrollierten Beatmung (ohne IRV) war jedoch retrospektiv. Andere neue Untersuchungen [9, 11, 14, 15, 18], bei denen PC-IRV kurzfristig eingesetzt worden war, ergaben im Vergleich zu konventioneller Beatmung widersprüchliche Ergebnisse.

In einer kürzlich publizierten tierexperimentellen Studie [12] an Schweinen, die nach Surfactant Auswaschung kurzfristig (30 Min.) mit jeweils 5 verschiedenen Beatmungsformen ventiliert wurden, zeigte sich, daß bei druckkontrollierter IRV-Beatmung mit den niedrigsten Atemwegs-Spitzendrücken und dem niedrigsten Ventilationsvolumen beatmet werden konnte; durch die höheren Atemwegs-Mitteldrucke wurde jedoch die Hämodynamik und damit der Sauerstofftransport beeinträchtigt. Diese Ergebnisse veranschaulichen, daß bei der Diskussion um bessere Beatmungsformen die Einflüsse auf die Hämodynamik und damit auf die letztlich entscheidende Funktion des Sauerstofftransports nicht außer acht gelassen werden dürfen.

So bleibt die klinische Überlegenheit der druckkontrollierten Beatmung (mit IRV) bislang nur Hypothese. Dennoch gibt es theoretische und experimentelle Gründe, beim ARDS eine bessere Wirksamkeit aus den Besonderheiten der pulmonalen Pathomechanismen abzuleiten.

Spezielle Pathophysiologie des ARDS

Die grundlegende pulmonale Störung beim akuten Lungenversagen („adult respiratory distress syndrome" ARDS) ist eine Permeabilitätsstörung, die zu interstitiellem (und intraalveolärem) Lungenödem führt. Die Folgen sind: deutlich verminderte Lungendehnbarkeit (Compliance), inhomogen über beide Lungen verteilte kollabierte, komprimierte Alveolen mit erheblicher Zunahme der venösen Beimischung und Störung der pulmonalen Oxygenierungsfunktion. In der flüssigkeitsgefüllten Lunge sind aufgrund der Schwerkraft die jeweils untenliegenden Alveolen vermehrt kollabiert bzw. komprimiert, während in den oberen Alveolarpartien der Luftanteil meist größer ist. Es deutet viel darauf hin, daß in den jeweils offenen Alveolen mit relativ normalen Funktionsbedingungen gerechnet werden kann, während die übrigen kollabierten Alveolen überhaupt nicht am Gasaustausch teilnehmen können (sie stören eher die Oxygenierung durch ihren Shuntanteil). So läßt sich (abgesehen von den Spätphasen des ARDS) die niedrige Compliance eher durch eine zu kleine Lunge („baby lung") als durch eine zu steife Lunge erklären. Es muß heute angenommen werden, daß die Lungenschädigung unter Beatmung, das sog. „Barotrauma", insbesondere auch durch zu hohe Beatmungsvolumina verursacht wird [6]; so wurde hierfür der Begriff „Volutrauma" geprägt [5].

In den früheren Phasen des ARDS ist diese interstitielle Flüssigkeit meist noch mobilisierbar: d. h. bei Übergang von Rücken- auf Bauchlagerung eröffnen sich oft die vorher verschlossenen, nunmehr obenliegenden Alveolen, wie in der Computertomographie nachgewiesen werden kann [7]. Solange dieses interstitielle Ödem noch mobilisierbar ist, besteht zumindest grundsätzlich die Möglichkeit, den pulmonalen Gasaustausch durch Variation des Beatmungsmodus zu verbessern.

Konsequenzen für den Beatmungsmodus

Aus diesen Pathomechanismen lassen sich für die Beatmung einige Konsequenzen ableiten, die sich (zumindest hypothetisch) auf die Auswahl des Beatmungsmodus auswirken müßten:

1. Ist die Lunge eher klein statt steif, so muß das Hubvolumen reduziert werden, damit die Beatmungspitzendrucke nicht zu hoch werden. Dieses führt heute zu der Konsequenz, hohe Beatmungdrucke

und jede Alveolarüberdehnung zu vermeiden, notfalls unter Inkaufnahme einer (vorübergehenden) Minderbelüftung („permissive Hyperkapnie") [8]; in solchen Fällen wird mit wesentlich niedrigeren Hubvolumina (bis zu 5 ml/kg) beatmet.

2. Wird der Druck in einer Alveole zu hoch, so wird dort die Kapillarperfusion und damit der Gasaustausch behindert, es kommt hier zur Totraumventilation, d. h. zu einer ineffektiveren Ventilation.

3. In der ARDS-Lunge haben die Alveolen infolge der Störung der Surfactantfunktion meist die Tendenz zu kollabieren. Dann ist der Druck, der benötigt wird, um die kollabierte Alveole wieder zu eröffnen, höher als der Druck unter dem sie jeweils kollabiert (Eröffnungsdruck > Verschlußdruck). Daher liegt ein entscheidendes therapeutisches Ziel darin, zu verhindern, daß Alveolen überhaupt kollabieren. Sie müssen eröffnet und dann offen gehalten werden!

4. Die Dehnbarkeit des Lungengewebes ist über beide Lungen inhomogen verteilt. Das bedeutet, daß der Druck, der benötigt wird, um die jeweiligen Alveolen zu eröffnen, sehr unterschiedlich sein wird: Während ein gegebener Atemwegsdruck in einigen Bereichen noch nicht zur Eröffnung der Alveolen ausreichen mag, kann er in anderen Alveolargebieten bereits zu hoch sein (also schädigen).

5. Die Effektivität des pulmonalen Gasaustausches muß letztlich am Sauerstofftransport gemessen werden; daher ist der Einfluß auf die Hämodynamik stets zu beachten.

6. Die Überlegenheit einer Beatmungsform für die jeweilige Art der Lungenschädigung ist aber nicht nur an den kurzfristigen sondern auch an den langfristigen Auswirkungen auf die Lungenveränderungen und den pulmonalen Gasaustausch zu beurteilen.

Mögliche Wirkungen
der druckkontrollierten Beatmung

Nach heutiger Sicht kann kein Zweifel daran bestehen, daß die Vermeidung zu hoher intrathorakaler Drucke (etwa > 35–40 cmH$_2$O) für den pulmonalen Gasaustausch essentiell ist. Hohe Beatmungsspitzendrukke beeinträchtigen die pulmonale Kapillarperfusion und verursachen eine Zunahme der Totraumventilation. So ist es nicht unerheblich, wenn in einer Studie von Lichtwarck-Aschoff et al. [12] das Beatmungsminutenvolumen bei der druckkontrollierten Beatmungsform (PCIRV) am niedrigsten gehalten werden konnte.

Nimmt man eine permissive Hyperkapnie in Kauf, was nach unseren Erfahrungen selbst bei $PaCO_2$-Werten über 70 mmHg in der Regel gut vertragen wird, so können auch beim schweren ARDS Spitzendruck über 35 cmH_2O in aller Regel vermieden werden.

Bei der druckkontrollierten Beatmung wird die festgesetzte Druckgrenze sicher eingehalten. Bei volumenkontrollierter Beatmung wird dagegen jede, auch nur kurzfristige Änderung der Lungendehnbarkeit, z. B. infolge Sekretansammlung oder durch Zunahme der interstitiellen Flüssigkeit, zu einem unerwünschten Anstieg des Beatmungsdruckes führen.

Andererseits müssen bei ARDS-Lungen die leicht kollabierbaren Alveolen nach Möglichkeit offengehalten werden, da die kollabierte Alveole zur Wiedereröffnung unnötig hohe Drucke benötigt. Hierfür muß ein bestimmter Druck (= Volumen) in der Lunge erhalten bleiben, was entweder mit einem externen PEEP oder durch einen intrinsic PEEP ($PEEP_i$) erreicht werden kann. Dieser intrinsic (oder Auto-) PEEP kann durch Umkehr des Atemzeitverhältnisses (IRV) erreicht werden: Durch Verkürzung der Exspirationszeit wird die Ausatmung insbesondere in langsameren Alveolarbereichen vorzeitig abgebrochen, diese Alveolen bleiben also gebläht und ihr Kollaps wird verhindert. Insofern wird mit der druckkontrollierten Beatmung unter Umkehr des Atemzeitverhältnisses (PC-IRV) einerseits der zu hohe Beatmungsdruck begrenzt, andererseits durch intrinsic PEEP der Alveolenkollaps verhindert.

Es ist einleuchtend, daß der $PEEP_i$ besonders in langsameren Alveolarbereichen wirksam wird; in schnellen Kompartimenten (d. h. bei niedriger Compliance und niedriger Resistance) können die Alveolen selbst bei kurzer Exspirationsdauer vollständig ausatmen. Um auch in diesen Alveolen einen Kollaps zu verhindern, muß zusätzlich ein externer PEEP eingesetzt werden.

Unklar ist jedoch die optimale Höhe des erforderlichen PEEP: Aufgrund grundsätzlicher Überlegungen sollte er den Schwerkrafteinfluß durch den Flüssigkeitsgehalt der Lunge kompensieren; hierfür wäre ein PEEP von etwa 10–15 cm H_2O erforderlich. Dennoch ist zu berücksichtigen, daß ein solcher „Gegendruck" für die untenliegenden Lungenpartien möglicherweise noch zu gering sein könnte, für die obenliegenden Partien jedoch zu hoch sein wird. So sind hier Kompromisse erforderlich.

Auch ein weiterer Grund könnte dafür sprechen, hohe ventilatorische Druckschwankungen durch große Hubvolumina zu meiden: Bei inhomogen verteilter Gewebedehnbarkeit, wie sie stets beim ARDS vorliegt, können durch ungleichmäßige Ventilation große Scherkräfte zwischen den Alveolen entstehen [13]. Diese sind vermutlich eine der wesentlichen Ursachen für das Baro- bzw. Volutrauma. Dann wären relativ höhere intrathorakale Mitteldrucke mit geringerer ventilatorischer Amplitude günstiger, wie sie bei druckkontrollierter IRV-Beatmung entstehen. Dazu zeigt die klinische Erfahrung bei uns ebenso wie bei anderen Untersuchern [1], daß gerade bei Beatmung mit IRV die positive Wirkung erst nach längerer Zeit einsetzt. Es ist denkbar, daß die Wieder-Eröffnung kollabierter Alveolen wesentlich längere Zeit in Anspruch nimmt, als es die kurzfristigen vergleichenden Studien bislang vermuten lassen.

In der Reaktion auf die Wieder-Eröffnung kollabierter Alveolen liegt ein weiterer möglicher Vorteil der druckkontrollierten Beatmung: Da der Beatmungsdruck konstant gehalten wird, wird bei erfolgreicher Rekruitierung weiterer Alevolarbereiche das inspiratorische Ventilationsvolumen kompensatorisch vergrößert; bei der volumen-kontrollierten Form dagegen mindert sich der Beatmungsdruck, das Hubvolumen müßte nachreguliert werden, um den Ventilationsgewinn auszunutzen.

Sicher ist andererseits jedoch, daß bei umgekehrtem Atemzeitverhältnis (IRV) der Atemwegsmitteldruck wegen der längeren Inspirationsdauer notwendigerweise relativ höher sein muß. So muß damit gerechnet werden, daß die Hämodynamik im kleinen Kreislauf stärker beeinträchtigt wird. Das bedeutet, daß unter Umständen trotz scheinbar besserer Oxygenierung der Sauerstofftransport schlechter sein kann. Da die Auswirkungen auf den Kreislauf im Einzelfall nicht abzuschätzen sind (Unterschiede der Lungenveränderungen, der Kreislaufvolumenfüllung etc.), muß diese Funktion mit erfaßt werden, wenn eine Optimierung der Beatmung wichtig wird. So mag es nicht verwunderlich sein, wenn die Frage nach der Überlegenheit der druck- oder volumenkontrollierten Beatmungsform bislang nicht grundsätzlich beantwortet werden konnte.

Möglicherweise wird gerade wegen dieser letztgenannten Einflüsse eine andere, ebenfalls „druckkontrollierte" Beatmungsform entscheidene Vorteile bieten können: Bei BIPAP („biphasic positive airway pressure") [3] wird gleichzeitig die Spontanatmung ermöglicht, wodurch die Beeinträchtigung der Hämodynamik deutlich abgeschwächt wird (Näheres siehe Kap. BIPAP). Nach unseren eigenen Erfahrungen bietet BIPAP, insbesondere mit extrem kurzen Exspirationszeiten (d. h. als „airway pressure release ventilation" APRV [16]), selbst bei schwerem ARDS bessere Gasaustauschbedingungen als konventionelle Beatmungsformen mit IRV.

Schlußfolgerungen

Aufgrund theoretischer Überlegungen und einiger experimenteller Ergebnisse könnte angenommen werden, daß bei der Beatmung von ARDS-Lungen ein druckkontrollierter Modus, insbesondere mit umgekehrtem Atemzeitverhältnis (PC-IRV), Vorteile bietet. Allerdings konnte dieses in klinischen Studien noch nicht überzeugend gesichert werden. Dieses mag einerseits daran liegen, daß die Verbesserung des Gasaustausches durch PC-IRV mit Wieder-Eröffnung kollabierter Alveolen wesentlich längere Zeit erfordert, als es die bisherigen vergleichenden Studien vorsahen. Ferner ist zu beachten, daß die Wirksamkeit eines Beatmungsmodus nur an einem verbesserten Sauerstofftransport gemessen werden kann. So ist die klinische Überlegenheit der druckkontrollierten Beatmung gegenüber konventionellerer Formen letztlich nicht bewiesen.

Literatur

1. Barbas CSV, Amato MBP, Plastino FRT, Fernadez CJ, Akamine N, Knobel E (1992) Pressure controlled inverse ratio ventilation (PC-IRV) in adult respiratory distress syndrome (ARDS): early and late cardiorespiratory effects. Intensive Care Med 18 [Suppl 2]: S86
2. Baum M, Benzer H, Mutz N, Pauser G, Toncar L (1980) Inversed Ratio Ventilation (IRV). Die Rolle des Atemzeitverhältnisses in der Beatmung beim ARDS. Anaesthesist 29: 592–596
3. Baum M, Benzer H, Putensen C, Koller W, Putz G (1989) Biphasic Positive Airway Pressure (BiPAP) – eine neue Form der augmentierenden Beatmung. Anaesthesist 38: 452–458
4. Darioli R, Perret C (1984) Mechanical controlled hypoventilation in status asthmaticus . Am Rev Respir Dis 129: 385–387
5. Dreyfuss D, Saumon G (1992) Barotrauma is volutrauma, but which volume is the one responsible? Intensive Care Med 18: 139–141
6. Dreyfuss D, Soler P, Basset G, Saumon G (1988) High inflation pressure pulmonary edema. Respective effects of high airway pressure, high tidal volume, and positive end-expiratory pressure. Am Rev Respir Dis 137: 1159–1164
7. Gattinoni L, Pelosi P, Vitale G, Pesenti A, D'Andrea L, Mascheroni D (1991) Body position changes redistribute lung computed-tomographic density in patients with acute respiratory failure. Anesthesiology 74:15–23

8. Hickling KG, Henderson SJ, Jackson R (1990) Low mortality associated with low volume pressure limited ventilation with permissive hyperkapnia in severe adult respiratory distress syndrome. Intensive Care Med 16: 372–377

9. Kesecioglu J, Telci L, Esen F, Denkel T, Akpir K, Tütüncü AS, Erdmann W, Lachmann B (1992) Pressure regulated volume controlled ventilation with different I:E ratios in comparison with conventional volume controlled ventilation in patients suffering from ARDS. Intensive Care Med 18 [Suppl 2]: S 86

10. Lachmann B, Danzmann E, Haendly B, Jonson B (1982) Ventilator settings and gas exchange in respiratory distress syndrome. In: Prakash O (ed) Applied physiology in clinical respiratory care. Nijhoff, The Hague, pp 141–176

11. Lessard M, Guerot E, Mariette C, Harf A, Lemaire F, Brochard L (1992) Pressure controlled versus volume-controlled ventilation in patients with adult respiratory distress syndrom (ARDS). Am Rev Respir Dis 145: A454

12. Lichtwarck-Aschoff M, Nielsen JB, Sjöstrand UH, Edgren EL (1992) An experimental randomized study of five different ventilatory modes in a piglet model of severe respiratory distress. Intensive Care Med 18: 339–347

13. Mead J, Takishima T, Leith D (1970) Stress distribution in lungs: a model of pulmonary elasticity. J Appl Physiol 28: 596–608

14. Mercat A, Graini L, Lenique F, Dèpret J, Teboul JL, Richard Ch (1992) Cardiorespiratory effects of pressure controlled ventilation with and without inverse ratio in adult respiratory distress syndrome. Intensive Care Med 18 [Suppl 2]: S 86

15. Munoz J, Guerrero JE, Escalante JL, Palomino R, Albert P (1992) Pressure controlled ventilation versus conventional controlled mechanical ventilation with decellerating inspiratory flow. Intensive Care Med 18 [Suppl 2]: S86

16. Stock MC, Downs JB, Frohlicher DA (1987) Airway pressure release ventilation. Crit Care Med 15: 462–466

17. Tharratt RS, Allen RP, Albertson TE (1988) Pressure controlled inverse ratio ventilation in severe adult respiratory failure. Chest 94: 755–762

18. Vallverdu I, Domìnguez G, Bak E, Ortiz A, Subirana M, Benito S, Net A, Mancebo J (1992) Evaluation of pressure controlled (PC) inverse ratio ventilation (IRV), volume controlled (VC)-IRV and VC with PEEP in the adult respiratory distress syndrome (ARDS). Intensive Care Med 18 [Suppl 2]: S85

Korrespondenz: Prof. Dr. H. Burchardi, Zentrum Anaesthesiologie, Rettungs- und Intensivmedizin, Klinikum der Universität Göttingen, Robert-Koch-Straße 40, D-W-3400 Göttingen, Bundesrepublik Deutschland

Seitengetrennte Beatmung

H. Jellinek, M. Felfernig und M. Zimpfer

Klinik für Anästhesie und Allgemeine Intensivmedizin, Wien, Österreich

Unter seitengetrennter oder differentieller Beatmung versteht man die separate Beatmung der Lungen. Die Trennung erfolgt mit Hilfe eines Doppellumentubus, die Beatmung mit Hilfe zweier Respiratoren. Obwohl die Synchronisierung der Respiratoren physiologisch erscheint und auch wiederholt durchgeführt wurde [3, 8, 9, 14], ist die Beatmung auch ohne Synchronisation ohne nachteilige Auswirkungen [20–22]. Die Beatmung mit nur einem Respirator und speziellen Kreissystemen zur Lungenseparierung wurde zwar versucht [3, 15], konnte sich aber nicht durchsetzen. Neben den unabhängig voneinander wählbaren Tidalvolumina für beide Lungen können mit dieser Methode seitengetrennt verschiedene Niveaus von positiv end-expiratorischem Druck (PEEP) angewendet werden. Die Bedeutung dieser Option ist so groß, daß der Ausdruck „selektiver PEEP" (SPEEP) oft als Synonym für diese Beatmungsform verwendet wird. Die differentielle Beatmung wurde in verschiedensten Situationen eingesetzt, in denen eine einseitige oder einseitig betonte Lungenerkrankung durch konservative Beatmungstechniken nicht adäquat therapiert werden konnte (Tabelle 1). Haben die Lungen bei einer asymmetrischen Erkrankung unterschiedliche mechanische Eigenschaften, so verteilen sich die Tidalvolumina bei konventioneller Beatmung nach der jeweiligen Compliance. Dies kann neben einer Minderbelüftung der erkrankten zur Überdehnung der gesunden Lunge und zur Verstärkung vorbestehender Störungen im Ventilations/Perfusionsverhältnis (V/Q) führen. Die seitengetrennte Beatmung bietet in ausgewählten Fällen die Möglichkeit, V/Q Mißverhältnisse gezielt zu therapieren und Gasaustausch und Hämodynamik

Tabelle 1. Indikationen zur differentiellen Beatmung mit selektivem PEEP

Pneumonie (bakteriell, viral, Aspiration)
Pulmonalembolie
Lungenkontusion
Lungenödem
Septisches Lungenversagen
Bronchopleurale Fistel
Nach einseitiger Lungentransplantation

---

zu optimieren, wobei eine Behandlungsdauer von bis zu 298 Stunden berichtet wurde [21]. Da die Beatmungstechnik je nach Krankheitsbild variieren kann, werden im Anschluß an eine allgemeine Betrachtung der zugrunde liegenden Pathophysiologie der seitengetrennten Beatmung einige Standardindikationen getrennt besprochen. Weiters wird eine eigene Kasuistik vorgestellt.

Effekt der seitengetrennten Beatmung auf Lungenmechanik und Hämodynamik

Bei Lungengesunden führt die Anwendung von SPEEP zu keiner Beeinträchtigung der Lungenmechanik der Gegenseite [14]. In Seitenlage werden durch SPEEP der unteren Lunge ihre lagebedingten mechanischen Beeinträchtigungen (verminderte Compliance und erhöhte Resistance) völlig ausgeglichen [8]. Der Atelektasenbildung und Shunterhöhung wird effizienter entgegengewirkt als durch PEEP auf die gesamte Lunge [9]. Ebenso kann SPEEP verringerte Dehnungseigenschaften bei einseitiger Lungenerkrankung normalisieren [3]. Der Abfall des Herzminutenvolumens durch SPEEP ist gering [14] und weniger ausgeprägt als der Abfall des Herzminutenvolumens bei Applikation von PEEP auf die gesamte Lunge [16–18]. Dies ist dadurch zu erklären, daß unter SPEEP die Pleuradrucke beider Seiten sowie der Perikarddruck weniger ansteigen als unter generalisiertem PEEP. Der Abfall des transmuralen linksventrikulären Füllungsdrucks ist dadurch weniger ausgeprägt als unter generalisierten PEEP [16, 18]. In einer Studie von Carlon et al. [3] war der Herzminutenvolumenindex bei allen untersuchten Patienten zum Zeitpunkt der größten PEEP-Differenz (im Mittel 8 cm H_2O) zwischen den Lungen höher als vor Beginn der SPEEP-Therapie (im Mittel 4.5 versus 3.4 l/min.m^2).

Monitoring des differentiellen pulmonalen Blutflusses

Die seitengetrennte Beatmung ist nicht nur von einem hohen apparativen und personellen Aufwand begleitet, sie stellt auch ein zusätzliches Risiko für den Patienten dar. Hier sei nur auf den geringen Spielraum der korrekten Lage eines Doppellumentubus hingewiesen [2]. Für einen kritischen und rationalen Einsatz dieser Methode und zur vernünftigen Limitierung der Therapiedauer ist daher ein ausgeweitetes Monitoring zu fordern, das den therapeutischen Erfolg adäquat zu dokumentieren vermag. Neben der Blutgasanalyse ist dies vor allem die seitengetrennte Messung des pulmonalen Blutflusses. Die hiefür einsetzbaren Standard- und Referenzmethoden wie Pulmonalisangiographie, direkte elektromagnetische Flowmessung oder Messung mittels Inertgaselimination sind im Routinebetrieb kaum einsetzbar. Eine Möglichkeit, die differentielle Lungenperfusion mit beschränktem Aufwand zumindest abzuschätzen, bietet jedoch die seitengetrennte Bestimmung der CO_2-Elimination. Die CO_2-Menge, die von einer Lunge abgeatmet wird, ist ein indirekter Hinweis auf ihre Perfusion. Die Messung der CO_2-Elimination (VCO_2) erfolgt durch Bestimmung der CO_2 Fraktion im gemischten Expirationsgas ($FECO_2$), was mit Hilfe einer Mischkammer technisch einfach zu realisieren ist. VCO_2 wird durch Multiplikation von $FECO_2$ mit dem expiratorischen Minutenvolumen erhalten.

Eine weitere Methode mit allerdings erhöhtem apparativen Aufwand ist die Anwendung eines speziellen CO_2 Analysators (Siemens Elema CO_2 Analyzer), der unter Berücksichtigung des expiratorischen Flows (Flowsignal des Respirators) eine quantitative Auswertung der Kapnogrammkurve ermöglicht [13]. Dieses Gerät liefert außerdem Aussagen über den physiologischen Totraum und die alveolare Totraumfraktion, was für die Beurteilung des Krankheitsverlaufes ebenfalls bedeutsam sein kann. Eine weitere Möglichkeit, die CO_2-Elimination abzuschätzen, ist die Messung des end-tidalen CO_2 Partialdruckes ($PetCO_2$), der in vielen Fällen gut mit VCO_2 korrelliert. Für die Beurteilung des Verlaufs der Lungenperfusion wird das Verhältnis aus VCO_2 bzw. $PetCO_2$ zwischen den beiden Lungen bzw. die absolute Seitendifferenz dieser Parameter herangezogen. Bei schweren Lungenerkrankungen kann jedoch $PetCO_2$ die CO_2-Elimination bzw. die Lungenperfusion wesentlich überschätzen [22]. Liegt nämlich ein pathologischer Kurvenanstieg anstelle eines alveolaren Plateaus vor (sequentielle Entleerung von Lungenkompartimenten mit unterschiedlichem CO_2-Gehalt), so ist $PetCO_2$ nicht für quantitative Aussagen über Totraum oder CO_2-Elimination geeignet [13]. Im Vergleich der CO_2-Eliminationsmethode mit der Inertgaseliminationsmethode zeigte sich unter physiologischen Verhältnissen eine ausgezeichnete Korrellation der mit Hilfe dieser Verfahren ermittelten Lungenperfusionen [19]. Unter Bedingungen einseitiger Hypoxie und abnormer V/Q Verhältnisse verschiedener Lungenabschnitte lag jedoch der quantitative Aussagewert der CO_2-Eliminationsmethode deutlich unter dem der direkten Flowmessung oder der Inertgasmethode [4]. Der Grund dafür ist einerseits die Abhängigkeit der CO_2-Elimination vom V/Q Verhältnis (in hyperventilierten Alveolen wird relativ mehr CO_2 eliminiert als in schlecht ventilierten Alveolen), andererseits eine Beeinflussung der CO_2-Elimination durch den Haldane-Effekt (Hypoxie verschiebt die CO_2 Dissoziationskurve, so daß für einen vorgegebenen PCO_2 die Kapazität des Blutes, CO_2 zu binden, erhöht ist) [4]. Wie zahlreiche klinisch erfolgreiche Anwendungen belegen, liefert diese Methode jedoch ausreichende Informationen für die seitengetrennte Beurteilung des Trends der Lungenperfusion und damit Hinweise über den Krankheitsverlauf, und ist somit eine Entscheidungshilfe für das weitere therapeutische Vorgehen [20–22].

Seitengetrennte Beatmung bei asymmetrischer Pneumonie

Die Anwendung von PEEP verbessert die arterielle Oxygenierung bei diffusen Lungenerkrankungen wie z. B. dem akuten Lungenversagen [1]. Ist die Lungenerkrankung lokalisiert, so ist die Anwendung von PEEP weniger effektiv, der Gasaustausch kann sich sogar verschlechtern. Die unilateral betonte Pneumonie sei als detailliertes Beispiel zur Erklärung der Auswirkungen von SPEEP herangezogen, da hier auch einige experimentelle Untersuchungen vorliegen. Kannarek und Shannon [7] konnten bei einem Patienten mit einseitiger Pneumonie und therapierefraktärer Hypoxämie angiographisch zeigen, daß es bei massiv verschlechtertem Gasaustausch durch PEEP zu einer Umverteilung des Blutflusses zur kranken Lunge kam. Auch am Tiermodell [12] fand sich bei Lobärpneumonien insgesamt eine Verschlechterung des Gasaustausches durch PEEP, obwohl sich der Gasaustausch im erkrankten Lungenbezirk durch Abnahme des Shunts verbesserte. Dies war durch eine Umverteilung des Blutflusses von gesunden Kompartimenten zum erkrankten Lungenlappen bedingt. Diese Zunahme ist durch einen mechanischen Effekt des PEEP mit Kompression alveolarer Blutgefäße und Erhöhung des Gefäßwiderstandes in gesunden Lungenanteilen zu erklären. Die Abnahme der hypoxischen pulmonalen Vasokonstriktion im erkrankten Areal (Verminderung des Shunts über Rekrutierung nicht ventilierter Alveolen) dürfte nur eine untergeordnete Rolle spielen [10]. Im Gegensatz dazu führte SPEEP am gleichen Modell zu einer deutlichen Verbesserung des gesamt – Gasaustausches [10]. Während sich der Shunt im erkrankten Areal wie bei konventionellem PEEP verringerte, blieb die Perfusion dieses Kompartimentes unverändert [10] bzw. sank ab [17].

Zusammenfassend kann gesagt werden, daß SPEEP bei asymmetrischer Pneumonie im Vergleich zu PEEP auf die gesamte Lunge einen wesentlich günstigeren Effekt auf abnorme V/Q Verhältnisse und damit den Gasaustausches hat. Darüber hinaus wird die allgemeine Hämodynamik weniger beeinflußt und die Sauerstoffverfügbarkeit zur Deckung des metabolischen Bedarfs optimiert [17].

Seitengetrennte Beatmung bei asymmetrischer Lungenkontusion

Die arterielle Hypoxämie als Folge einer Lungenkontusion mit intrapulmonaler Blutung und Gewebsödem ist durch hypoxische pulmonale Vasokonstriktion im betroffenen Lungenabschnitt geringer ausgeprägt, als aufgrund der Shunterhöhung zu erwarten wäre [5]. Zandstra und Stoutenbeck [22] berichteten von einer Reihe Patienten mit asymmetrischer Lungenkontusion, bei welchen durch SPEEP die Oxygenierung signifikant verbessert wurde. Der angewendete PEEP wurde auf der stärker betroffenen Seite höher gewählt als auf der weniger betroffenen (im Mittel 11 vs 18 cm H_2O). Mit Hilfe der CO_2-Eliminationsmethode zeigten sie, daß die stärker betroffene Lunge zunächst wesentlich weniger perfundiert war. Im Laufe der Therapie normalisierte sich das Perfusionsverhältnis der Lungen deutlich. Für die selben Autoren war eine fehlende Verbesserung der CO_2-Elimination der kontusionierten Lunge bei zwei Patienten im Zusammenspiel mit Klinik und bildgebenden Verfahren eine Entscheidungshilfe für die Indikationsstellung zur Bilobektomie [21].

Seitengetrennte Beatmung bei einseitiger Pulmonalembolie

Die akute Pulmonalembolie führt zu schweren V/Q Veränderungen. Durch Verlegung von Teilen der pulmonalen Strohmbahn kommt es zur alveolären Totraumerhöhung mit Verminderung der Effizienz der Ventilation. Klinisches Zeichen der reduzierten Atemeffizienz ist die Hyperventilation, in extremen Fällen kann eine Hyperkapnie unter mechanischer Beatmung trotz Anwendung enormer Atemminutenvolumina persistieren [6]. Die Umverteilung des Blutflusses zu Arealen mit niedrigem V/Q nicht embolisierter Gebiete führt zur Vergrößerung des intrapulmonalen rechts-links Shunts [11]. Zusammen mit einem Abfall des Herzminutenvolumens durch die akute Rechtsbelastung führt dies zu Hypoxämie und Cyanose. Zandstra und Stoutenbeck [20] zeigten im Falle einer massiven einseitigen Pulmonalembolie die Überlegenheit der seitengetrennten Beatmung über die konventionelle Ventilation. Im Gegensatz zu den bisher besprochenen Krankheitsbildern wendeten sie jedoch SPEEP mit 15 cm H_2O auf die gesunde Lunge an, während sie die embolisierte Lunge ohne PEEP beatmeten. Dadurch kam es bei unverändertem Gesamt- Atemminutenvolumen zum Abfall des $PaCO_2$ von 8.0 auf 3.2 kPa und zur Verbesserung der Oxygenierung. Die Pulmonalisdrücke stiegen beim Wechsel auf SPEEP nicht an. Der Patient wurde erfolgreich einer thrombolytischen Therapie unterzogen. Obwohl die thrombolytische oder chirurgische Therapie in Fällen schwerer Pulmonalembolie unverzichtbar ist, kann die Beatmung mit SPEEP von Bedeutung sein. Durch einen Abfall der Compliance und einen Anstieg der Atemwegswiderstände wird das V/Q Mißverhältnis physiologischerweise reduziert, indem die embolisierte Lunge weniger ventiliert wird. In diesem Fall kann PEEP auf der gesamten Lunge dieses Mißverhältnis durch Verstärkung der Ventilation der embolisierten Lunge aggravieren. Generalisierter PEEP kann außerdem durch Erhöhung des Gefäßwiderstandes auf der erkrankten Seite deren Perfusion zusätzlich verschlechtern. SPEEP auf die gesunde Lunge führt über die Erhöhung ihres Gefäßwiderstandes zur Umverteilung des Blutflusses zur Embolieseite und zur Abschwächung des V/Q Mißverhältnisses.

Kasuistik

Ein bei einem Verkehrsunfall polytraumatisierter 19jähriger Mann (komplizierte Beckenfraktur, Ellenbogenluxation, Urethraabriß) wurde nach der initialen Kreislauf-

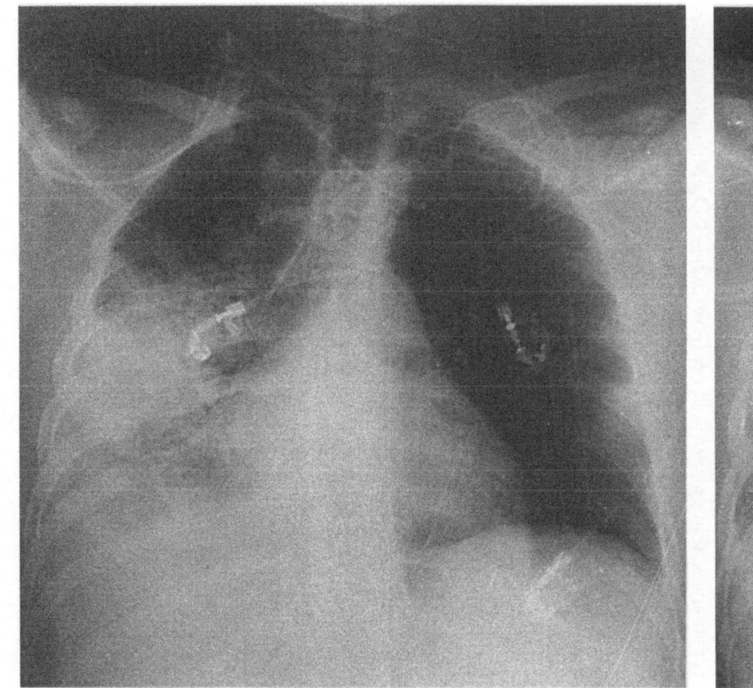

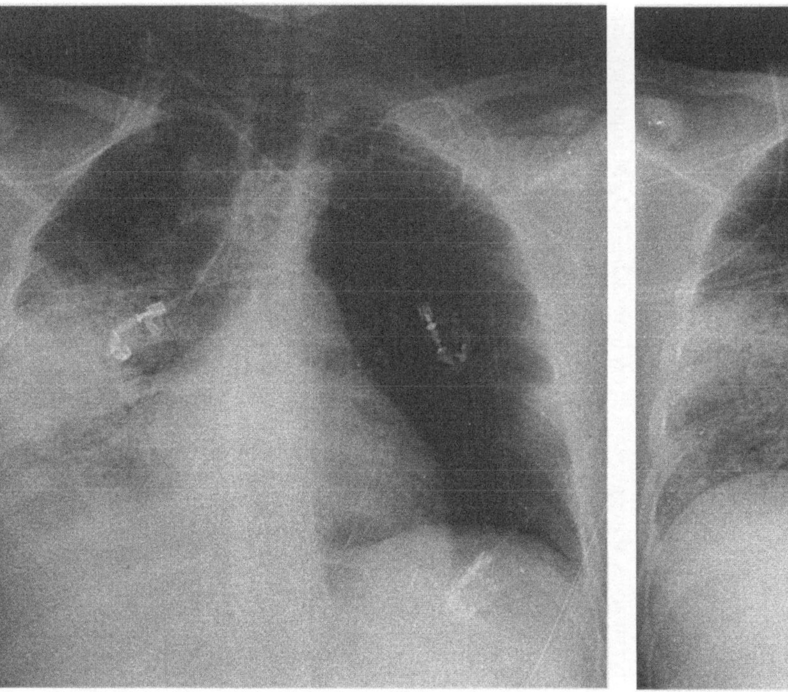

Abb. 1. Thoraxröntgen unter konventioneller Beatmung, 1 Stunde nach der zweiten bronchoskopischen Absaugung. Massive atelektatische Veränderungen im Bereich des rechten Mittel- und Unterlappens ohne Abgrenzbarkeit des rechten Hemidiaphragmas und des Herzschattens, die linke Lunge ohne Hinweis auf Aspiration

Abb. 2. Thoraxröntgen 30 Minuten nach Beginn der differentiellen Beatmung (PEEP links 5, rechts 13 mbar). Weitgehende Öffnung der atelektatischen Veränderungen im Bereich der rechten Lunge, das rechte Hemidiaphragma deutlich abgrenzbar

stabilisierung mit Massivtransfusion und Blutungskontrolle durch Embolisierung von Ästen der Aa iliacae internae an unserer Abteilung aufgenommen. Er hatte an der Unfallstelle massiv aspiriert, im Thoraxröntgen kamen ausgedehnte atelektatische Veränderungen im Bereich des rechten Mittel- und Unterlappens ohne Abgrenzbarkeit des Zwerchfells zur Darstellung, die linke Lunge hingegen ohne Hinweis auf Aspiration. Unter konventioneller Beatmung (F_iO_2 0.5, I : E 1 : 1, PEEP 5 kPa) wurden zwar akzeptable Blutgaswerte erhalten (paO_2 136 mmHg, $AaDO_2$ 149 mmHg), das Thoraxröntgen war jedoch auch nach 2maliger bronchoskopischer Absaugung nahezu unverändert (Abb. 1). Der Patient wurde daraufhin mit einem linksseitigen Doppellumentubus intubiert und differentiell beatmet (F_iO_2 0.5, Tidalvolumina bds. 450 ml, I : E 1 : 1, PEEP links 5 mbar, re 13 mbar). Bereits nach einer 30minütigen Beatmung mit SPEEP war eine deutliche Verbesserung sowohl im Gasaustausch (paO_2 209 mmHg, $AaDO_2$ 76 mmHg) als auch im Röntgen nachweisbar (Abb. 2). Die vor Beendigung der Therapie mit SPEEP durchgeführte Blutgasanalyse zeigte bei F_iO_2 0.34 und unveränderter Respiratoreinstellung einen paO_2 von 145 mmHg ($AaDO_2$ 27 mmHg), am Thoraxröntgen nach wie vor ein deutliches alveolares Verschattungsbild, jedoch keine atelektatischen Veränderungen. Die Differenz des seitengetrennt gemessenen $PetCO_2$ war von initial 5 auf 1 mmHg gesunken. Nach 36 Stunden differentieller Beatmung wurde auf einen herkömmlichen Endotrachealtubus umintubiert und die Beatmung konventionell weitergeführt.

Anhand dieses Falles zeigt sich die Überlegenheit der Therapie mit SPEEP bei massiver einseitiger Aspiration. Durch eine adäquate Verlaufskontrolle der Therapie (Radiologie, Blutgasanalyse, seitengetrenntes expiratorisches CO_2-Monitoring) war ein rationaler Einsatz dieser aufwendigen, aber äußerst effektiven Beatmungsform gewährleistet.

Schlußfolgerungen

Im Falle einer asymmetrischen Lungenerkrankung, die entweder mit konventionellen Beatmungsmethoden nicht zufriedenstellend therapierbar ist, oder bei der eine Schädigung der weniger betroffenen Lunge durch die aggressive Beatmung zu befürchten ist, sollte der Einsatz der seitengetrennten Beatmung und die Anwendung von selektivem PEEP in Erwägung gezogen werden. Mit Hilfe dieser Methode ist es in derartigen Fällen oft möglich, abnorme Ventilations/Perfusionsverhältnisse zu normalisieren, eine adäquate Oxygenierung zu erzielen, und über die Verbesserung der Beatmungseffizienz die CO_2-Elimination zu erleichtern. Gleichzeitig gewährleistet diese Methode wegen ihrer minimalen Kreislaufbelastung eine zusätzliche Optimierung des Sauerstoffangebotes für den Organismus.

Literatur

1. Ashbaugh DG, Bigelow Rl, Petty TL (1967) Respiratory distress in adults. Lancet ii: 319–323
2. Benumof JL, Partridge BL, Salvatierra C, Keating J (1987) Margin of safety in positioning modern double-lumen endotracheal tubes. Anesthesiology 67: 729–738
3. Carlon GC, Ray C, Klein R, Goldiner PL, Miodownik S (1978) Criteria for selective positive end-expiratory pressure and independent synchronized ventilation of each lung. Chest 74: 501–507
4. Carlsson AJ, Hedenstierna G, Blomqvist H, Strandberg A (1987) Separate lung blood flow in anesthetized dogs: a comparative study between electromagnetometry and SF6 and CO2 elimination. Anesthesiology 67: 240–246
5. Craven KD, Oppenheimer L, Wood LDH (1979) Effects of contusion and flail chest on pulmonary perfusion and oxygen exchange. J Appl Physiol 47: 729–737
6. Goldberg SK, Lipschutz JB, Fein AM, Lippmann ML (1984) Hypercapnia complicating massive pulmonary embolism. Crit Care Med 12: 686–688
7. Kanarek DJ, Shannon DC (1975) Adverse effect of positive end–expiratory pressure on pulmonary perfusion and arterial oxygenation. Am Rev Respir Dis 112: 457–459
8. Klingstedt C, Baehrendtz S, Bindslev L, Hedenstierna G (1985) Lung and chest wall mechanics during differential ventilation with selective PEEP. Acta Anaesthesiol Scand 29: 716–721
9. Klingstedt C, Hedenstierna G, Baehrendtz S, Lundqvist H, Strandberg A, Tokics L, Brismar B (1990) Ventilation-perfusion relationship and atelectasis formation in the supine and lateral positions during conventional mechanical and differential ventilation. Acta Anaesthesiol Scand 34: 421–429
10. Light RB, Mink SN, Wood LDH (1981) The effect of unilateral PEEP on gas exchange and pulmonary perfusion in canine lobar pneumonia. Anesthesiology 55: 251–255
11. Meignan M, Harf A, Cinotti L (1984) Regional distribution of ventilation-perfusion ratios in acute pulmonary embolism. Intensive Care Med 10:103–106
12. Mink S, Light RB, Cooligan T (1981) The effect of PEEP on pulmonary gas exchange and pulmonary perfusion in canine lobar pneumonia. J Appl Physiol 50: 517–523
13. Olsson SG, Fletcher R, Jonson B, Nordstroem L, Prakash O (1980) Clinical studies of gas exchange during ventilatory support – a method using the Siemens-Elema CO_2 analyzer. Br J Anaesth 52: 491–499
14. Osswald PM, Bender HJ, Hartung HJ, Klose R, Olsson SG, Weller L (1983) Die Wirkung von positiv-endexspiratorischem Druck (PEEP) resp. verlängerter Inspirationszeit auf Lungenmechanik, Gasaustausch und Hämodynamik bei differenter Lungenventilation. Anaesthesist 32: 99–104
15. Powner DJ, Eross B, Grenvik A (1977) Differential lung ventilation with PEEP in the treatment of unilateral pneumonia. Crit Care Med 5: 170–173
16. Smiseth OA, Vedding O (1990) A comparison of changes in esophageal pressure and regional juxtacardiac pressures. J Appl Physiol 69: 1053–1057

17. Takasaki M, Kawasaki H, Kosaka Y (1985) Effect of selective PEEP on pulmonary blood flow following unilateral hydrochloric acid aspiration in the dog. Acta Anaesthesiol Scand 29: 400–404
18. Vedding OJ, Hysinh ES, Smiseth OA (1990) Selective positive end-expiratory pressure and cardiac function in dogs. Intensive Care Med 16: 298–302
19. Williams JJ, Chen L, Aukburg SJ, Alexander CM, Domino KB, Marshall BE (1983) Computerized measure of CO2 production to determine differential pulmonary blood flow. Anesthesiology 59: A496
20. Zandstra DF, Stoutenbeck CP (1987) Treatment of massive unilateral pulmonary embolism by differential lung ventilation. Intensive Care Med 13: 422–424
21. Zandstra DF, Stoutenbeck CP (1988) Monitoring differential CO2 excretion during differential lung ventilation in asymmetric pulmonary contusion. Clinical implications. Intensive Care Med 14: 106–109
22. Zandstra DF, Stoutenbeck CP (1989) Reflection of differential pulmonary perfusion in polytrauma patients on differential lung ventilation (DLV). Intensive Care Med 15: 151–154

Korrespondenz: Dr. H. Jellinek, Klinik für Anästhesie und Allgemeine Intensivmedizin, Währinger Gürtel 18–20, A-1090 Wien, Österreich

NO in der Therapie des ARDS

R. Rossaint, K. Lewandowski und K. Falke

Klinik für Anaesthesiologie und operative Intensivmedizin,
Universitätsklinikum Rudolf Virchow, Berlin, Bundesrepublik Deutschland

Einleitung

Das akute Lungenversagen des Erwachsenen (ARDS) ist gekennzeichnet durch eine generalisierte pulmonale Entzündungsreaktion mit
einem nicht-kardiogen ausgelöstem Lungenödem, einer pulmonalen
Hypertonie und einer ausgeprägten Zunahme des intrapulmonalen
Shunts mit konsekutiver Hypoxämie [1, 43]. Die Mortalität dieses
Syndroms ist auch heute noch höher als 50% [8, 37, 38]. Mögliche
pathogenetische Mechanismen, die unter anderem für die schlechten
Behandlungsergebnisse eine Rolle spielen können, sind sowohl die
pulmonale Hypertonie als auch die zur Aufrechterhaltung normaler
Blutgase notwendige aggressive Beatmungsstrategie. Die pulmonale
Hypertonie bewirkt einerseits einen Anstieg des mikrovaskulären
Filtrationsdruckes [7], der das alveolo-interstitielle Lungenödem verstärkt [15], und andererseits wird durch den pulmonalen Hypertonus
ein Rechtsherzversagen begünstigt [36, 39]. Systemisch infundierte
Vasodilatatoren senken zwar den pulmonal-arteriellen Druck (PAP),
doch auf Grund der diffusen Wirkung auf das Gefäßbett im großen und
kleinen Kreislauf sind sie nur eingeschränkt einsetzbar: Im System-
kreislauf verursacht die auftretende Dilatation eine arterielle Hypoto-
nie mit möglichen negativen Folgen für die Durchblutung unter-
schiedlichster Organe. In der pulmonalen Strombahn führt die globale
Gefäßweitstellung zu einer verstärkten Durchblutung intrapulmonaler
Shuntareale, wodurch die schon gestörte Oxygenation zusätzlich verschlechtert wird [31, 44]. Letzteres erfordert u. U. eine weitere Erhö-

hung der beim ARDS schon normalerweise zur Aufrechterhaltung annähernd physiologischer arterieller Sauerstoff- und Kohlendioxidpartialdrucke notwendigen hohen inspiratorischen Sauerstoffkonzentrationen (F_1O_2) und hohen Beatmungsdrucke.

Hohe F_1O_2 und Beatmungsdrucke müssen als Faktoren betrachtet werden, die selbst zur Progression des Krankheitsgeschehens beitragen [17, 24]. Zur Zeit angewandte Verfahren, von denen man sich eine Reduktion der durch die aggressive Beatmung bedingten Schäden verspricht, sind die drucklimitierte Beatmung mit PEEP und permissiver Hyperkapnie, seitendifferente Beatmung, Seiten- und Bauchlagerung, Dehydratation und der extrakorporale Gasaustausch mit Membranlungen [34, 35].

Ergänzend zu diesen Strategien wird zur Zeit ein völlig neues Behandlungsverfahren, nämlich die Inhalation von niedrigen Konzentrationen des Gases Stickoxid (NO), klinisch geprüft. Durch die Inhalation von NO soll über eine selektive Vasodilatation ventilierter Lungenareale sowohl der PAP als auch die F_1O_2 gesenkt werden können [32, 33].

Physiologie und Metabolismus des Stickoxids

Furchgott und Zawadzki beschrieben 1980 erstmals, daß die relaxierende Wirkung von Acetylcholin auf isolierten Arterien von intaktem Gefäßendothel abhängig ist [12]. Sie postulierten, daß die relaxierende Wirkung von Acetylcholin von einem labilen humoralen Faktor, später endothelium derived relaxing factor (EDRF) genannt, vermittelt werden müsse. Im Jahre 1987 wurde von zwei unabhängigen Arbeitsgruppen Befunde vorgelegt, die auf eine Identität von EDRF und NO schließen ließen [22, 30]. Inzwischen liegen allerdings Ergebnisse vor, die eher vermuten lassen, daß EDRF einer Nitrosoverbindung entspricht, die NO freisetzt [26]. Daher ist noch nicht eindeutig geklärt, ob EDRF freies NO ist, oder ob EDRF NO freisetzt. Als gesichert gilt jedoch, daß NO nach Diffusion zur Gefäßmuskelzelle zu einer Aktivierung der löslichen Guanylatcyclase führt, die wiederum die Umwandlung von Magnesium-Guanosintriphophat in zyklisches Guanosinmonophosphat (cGMP) stimuliert. Das cGMP vermittelt über die cGMP-abhängige Proteinkinase die Phosporylierung und danach Dephosporylierung der leichten Ketten des Myosins und damit die Relaxation der glatten Muskelzelle [4, 25]. Heute ist bekannt,

daß die seit Jahrzehnten zur Gefäßerweiterung therapeutisch einge-
setzten Nitro-Vasodilatatoren in den Endothelzellen der Gefäße mit
Thiolverbindungen reagieren, bei deren spontanem Zerfall NO freige-
setzt wird [21], welches dann über den oben beschriebenen Weg eine
Vasodilatation auslöst. Aber nicht nur Endothelzellen produzieren
NO, sondern NO wird u.a. als Neuromodulator [3] von Gehirnzellen,
von Makrophagen [18] und anderen Zellen nach immunologischer
Aktivation als Effektormolekül sowie von Thrombozyten als intra-
zellulärer Messenger, der die Plättchenaggregation hemmt [13],
synthetisiert. Die in den Endothel- und Nervenzellen wie in den
Thrombozyten wirksame NO-Synthase wird als „konstitutiv" bezeichnet, ist Ca^{2+} abhängig und setzt kontinuierlich NO frei [23, 25].
Diese basale NO Sekretion wird durch Bindung von Bradykinin,
Histamin und Acetylcholin an Rezeptoren der Endothelzellen kurz-
zeitig erhöht. Neben dieser „konstitutiven" NO-Synthase existiert in
den vaskulären Endothelzellen zusätzlich eine „induzierbare" NO-
Synthase, die Ca^{2+} unabhängig ist und alleine für die NO-Biosynthese
u. a. in den Makrophagen, neutrophilen Granulozyten, Fibroblasten
und Hepatozyten verantwortlich ist. Diese „induzierbare" NO-Synthase wird erst zwei bis acht Stunden nach Stimulation durch Endotoxin, tumor necrosis factor und y-Interferon aktiviert, wodurch dann
allerdings eine NO-Freisetzung über 48 h herbeigeführt wird [19, 25].
Die Bildung des NO erfolgt sowohl mittels der „konstitutiven" als
auch mittels der „induzierbaren" NO-Synthase über die Oxidation
eines der beiden terminalen Guanidino-Stickstoffatome des L-Argi-
nins mit nachfolgender Spaltung des oxydierten L-Arginin in NO und
Citrullin [25]. Das NO bleibt nur für Sekunden nach der Bildung
wirksam bis es dann in wäßriger Lösung oxydiert und zu NO_2 umgewandelt wird, welches dann wieder durch Hydrolyse zu Nitrit und
Nitrat wird [21]:

$$2NO + O_2 \rightarrow 2NO_2 \quad 2NO_2 + H_2O \rightarrow NO_2^- + NO_3^- + 2H^+$$

Wird NO per inhalationem verabreicht, wird zwischen 50–80%
absorbiert [14, 40]. Das NO diffundiert als sehr lipophile Substanz von
den Alveolen ins umliegende Lungengewebe und in nahegelegene
Blutgefäße. Im Blut wird NO durch Bindung an das Hämoglobin der
Erythrozyten innerhalb von Sekunden inaktiviert, da das Hämoglobin-
molekül mit einer 1500 fach höheren Affinität zu NO als zu Carbon-

monoxid sofort das NO bindet. Das entstehende Nitrosyl-Hämoglobin (NOHb) wird in Anwesenheit von Sauerstoff zu Methämoglobin oxydiert, aus dem unter Bildung von Nitrat (NO_3^-) sehr schnell wieder freies Hb regeneriert wird. Auf Grund der schnellen Metabolisierung finden sich im Blut bei der Inhalation von 10 ppm NO nur sehr niedrige NO-Hb-Spiegel (0,13% des Gesamt-Hb) und Methämoglobin-Spiegel (0,2% des Gesamt-Hb) [28]. Der weitere Stoffwechsel des inhalierten NO nach Konversion zu Nitrat ist identisch mit dem des über Nahrungsmittel aufgenommenen Nitrats [42]. Der größte Teil des Nitrats wird über die Niere mit dem Urin ausgeschieden. Ein Teil des Nitrats wird in den Mund über den Speichel sezerniert und dort mittels Bakterien zu Nitrit (NO_2^-) konvertiert. Partiell wird das Nitrit im Magen zu N_2 umgewandelt und als Gas ausgeschieden. Im Darm wird das Nitrat teilweise zu NH_3 reduziert, rückresorbiert und zu Harnstoff metabolisiert. Der überwiegende Anteil der anorganischen Endprodukte des inhalierten NO wird innerhalb von 48 h über den Urin ausgeschieden.

Toxikologie des Stickoxids

Obwohl seit über 60 Jahren Lachgas, bei dessen Produktion u. a. NO und NO_2 anfallen, von Ärzten zur Narkose angewandt wird, rückte erst 1967 durch einen bedauerlichen Todesfall in England die Toxikologie des inhalierten Stickoxids ins Blickfeld der Anästhesisten. Damals verstarb nach einer Narkose eine 39 jährige gesunde Frau an den Folgen einer etwa 30 minütigen akzidentellen Inhalation von NO/NO_2: Das applizierte Lachgas war mit einer hohen Konzentrationen von NO/NO_2 verunreinigt [6]. Schon wenige Minuten nach Einleitung der Narkose entwickelte die Patientin unter Beatmung mit einem Lachgas-Sauerstoff-Gemisch eine Zyanose, einen Blutdruckabfall und eine ST-Strecken-Senkung im EKG. Bei anhaltender Zyanose wurde nach etwa 30 Minuten die Narkose abgebrochen und die Patientin zum Ausschluß einer Lungenembolie angiographiert und anschließend auf der Intensivstation weiter behandelt. Die im Anschluß an diese Patientin im gleichen Operationssaal mit den identischen Medikamenten narkotisierte junge Frau zeigte unmittelbar nach Einleitung der Anästhesie ebenfalls eine deutliche Zyanose, so daß der Verdacht auf eine Intoxikation nahelag. In diesem Fall wurde die Narkose sofort abgebrochen. Da die durchgeführte Blutgasanalyse einen abnormal hohen Anteil

Methämoglobin zeigte, wurde zu diesem Zeitpunkt – etwa 90 Minuten nach Beginn der ersten Narkose und 10 Minuten nach Beginn der zweiten Narkose – beiden Patientinnen 10 ml 1% Methylenblau injiziert. In beiden Fällen wechselte die Farbe der Patientinnen von blau-zyanotisch zu rot. Während jedoch die erste Patientin nach sechs Stunden trotzdem in einem massiven Lungenödem verstarb, besserte sich der Zustand der zweiten Patientin schnell und anhaltend. Die im Anschluß durchgeführte Untersuchung bestätigte, daß der Lachgaszylinder mit NO kontaminiert war. Spätere Berechnungen ergaben, daß NO mindestens in einer Konzentration von 10000 ppm NO vorgelegen haben mußte [16]. Inwieweit diese Vergiftung alleine durch das NO bedingt war, bleibt unklar, da NO in Abhängigkeit von der vorliegenden Konzentration und von der umgebenden F_1O_2 zu NO_2 oxydiert. So erfolgt eine 50%-ige Oxydation von 10.000 ppm NO bei Raumluft innerhalb von 24 Sekunden, während 10 ppm NO erst nach 7 Stunden zu 50% zu NO_2 konvertiert sind [2]. Unsere eigenen Messungen ergaben, daß bei 25°C eine 50%-ige Konversion von 20 ppm NO zu NO_2 bei einer F_1O_2 = 0,9 nach 50 Minuten und bei einer F_1O_2 = 0,53 nach 120 Minuten erfolgt.

NO – in geringerer Menge auch NO_2 – entsteht in unserer Umwelt bei vielerlei Verbrennungsprozeßen als Oxid des Stickstoffs. So bildet sich beispielsweise NO an glühenden Zigarettenspitzen und wird beim Rauchen in einer Konzentration von 600–1000 ppm inhaliert [27]. Während im Tierexperiment [16] und beim Menschen [6] NO Konzentrationen von weit über 5000 ppm offensichtlich sehr schnell zu einer Methämoglobinämie und zu einem toxischen Lungenödem führen, scheint die Inhalation von Konzentrationen < 50 ppm keine akute Toxizität zu besitzen. So inhalierten Kaninchen 43 ppm NO und 3,6 ppm NO_2 für 6 Tage, ohne daß ein Lungenödem gravimetrisch bzw. licht- oder elektronenmikroskopisch nachweisbar war [20]. Mäuse, die über 6 Monate einer NO Konzentration von 10 ppm exponiert waren, zeigten keinen Anstieg des Methämoglobins, allerdings fand sich eine leichte Milzvergrößerung und eine geringfügige Bilirubinerhöhung [29]. So ist es erklärlich, daß die amerikanische „US Occupational Safety and Health Administration" die durchschnittlich erlaubte NO Arbeitsplatzkonzentration bei 25 ppm festgelegt hat [5] und die im Folgenden beschriebene Anwendung von NO Inhalation bei Patienten mit Konzentrationen unterhalb 50 ppm erfolgte.

Eigene Untersuchungen

Im Gegensatz zu den Effekten systemisch infundierter Vasodilatatoren scheint niedrig konzentriertes, per inhalationem verabreichtes NO selektiv den pulmonalen Hypertonus senken zu können. Diese selektive Senkung des pulmonal arteriellen Druckes wurde zunächst sowohl im Tierexperiment [11] als auch bei einem einzelnen Patienten mit ARDS [10] demonstriert. Bei eigenen Untersuchungen an 9 Patienten mit schwerem ARDS, die für 40 Minuten NO per inhalationem bzw. Prostacyclin (PGI_2) per infusionem erhielten, bestätigten sich diese Befunde [32]. Die Inhalation von niedrigkonzentriertem NO (18 ppm) senkte ebenso wie die i.v. Infusion von 4 ng/kg/min PGI_2 den PAP (Tabelle 1). Während jedoch PGI_2 den mittleren arteriellen Druck (MAP) reduzierte und das Herzzeitvolumen (HZV) steigerte, veränderte NO weder den MAP noch das HZV. Darüber hinaus bewirkte die NO Inhalation im Gegensatz zu i.v. PGI_2 eine deutliche Verbesserung der pulmonalen Oxygenation (Tabelle 1). Die mit Hilfe der Sechs-Inert-Gas-Eliminationstechnik [9, 41] durchgeführten Analyse des Ventilations-Perfusionsverhältnisses zeigte, daß die bessere Oxygenation auf Grund einer Abnahme des intrapulmonalen Shunts mit einer Umverteilung der pulmonalen Durchblutung zugunsten ventilierter und mittels inhaliertem NO selektiv vasodilatierter Lungenareale zustande kam (Abb. 1 und 2). Eine Erhöhung der NO-Konzentration von 18 ppm auf 36 ppm NO zeigte weder eine weitere Reduktion des PAP noch eine weitere Abnahme des intrapulmonalen Shunts.

In einer Langzeitstudie wurden bei sieben ARDS-Patienten die in der Kurzzeitanwendung gefundenen Effekte von NO auf PAP und intrapulmonalen Shunt überprüft [33]. Diesen Patienten wurde niedrig konzentriertes NO dem inspiratorischem Gas für eine Zeitspanne von 3 bis 53 Tagen zugemischt. Täglich wurde die NO-Inhalation für etwa

Tabelle 1. Hämodynamik- und Gasaustauschparameter während 40 minütiger NO-Inhalation bzw. PGI_2-Infusion

	Baseline	NO 18 ppm	NO 36 ppm	Baseline	PGI_2
PAP (mmHg)	37 ± 9	$30 \pm 7^*$	$30 \pm 5^*$	37 ± 8	$30 \pm 6^*$
PaO_2/F_IO_2 (mmHg)	152 ± 45	$199 \pm 70^*$	$186 \pm 65^*$	141 ± 44	$114 \pm 34^*$

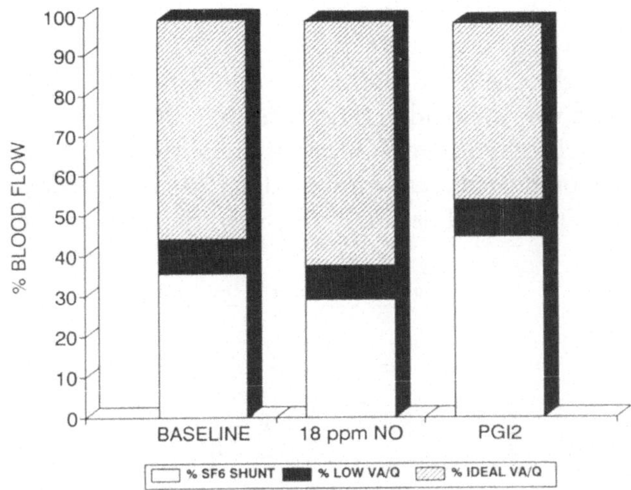

Abb. 1. Prozentualer Anteil des Blutflusses zu Arealen mit intrapulmonalem Shunt, zu Arealen mit einem niedrigen Ventilations-Perfusionsverhältnis und zu Arealen mit einem normalem Ventilations-Perfusionsverhältnis vor Vasodilatatorgabe, während NO Inhalation (18 ppm) und während PGI$_2$ Infusion (4 ng/kg/min) bei 9 Patienten mit schwerem ARDS. Unter NO Inhalation tritt eine Umverteilung der Lungendurchblutung zugunsten von Bezirken mit normalem Ventilations-Perfusionsverhältnis ein, während der PGI$_2$ Infusion kommt es zu einer vermehrten Perfusion intrapulmonaler Shuntareale

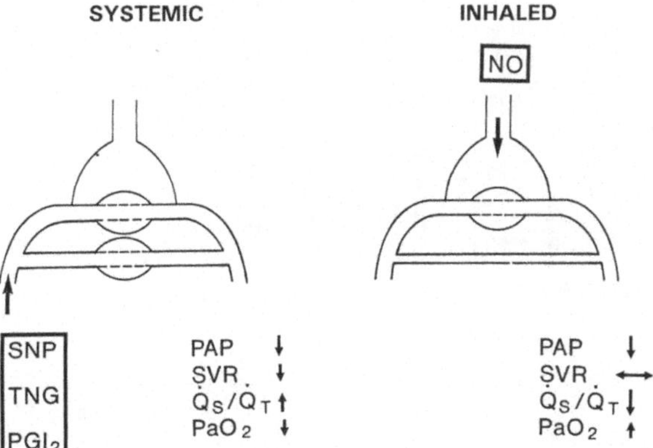

Abb. 2. Schematisches Modell zum Vergleich der Effekte von NO Inhalation mit der Infusion von Vasodilatatoren wie Natrium-nitroprussid (SNP), Trinitroglycerin (TNG) und PGI$_2$ bei Patienten mit ARDS. NO führt zu einer selektiven Vasodilatation ventilierter Lungenareale, der PAP und der intrapulmonale Shunt (Qs/Q$_T$) fällt. Da NO in der Blutbahn sofort durch Bindung an Hämoglobin inaktiviert wird, tritt keine systemische Vasodilatation auf. Im Gegensatz dazu dilatieren systemisch infundierte Vasodilatatoren global sowohl das pulmonale als auch das systemische Gefäßbett

30 min unterbrochen und die pulmonale Hämodynamik sowie der Gasaustausch vor, während und nach der NO-Pause erfaßt.

Die Unterbrechung der NO-Inhalation führte bei diesen Patienten zu einem reproduzierbaren Anstieg des PAP und einem ebenfalls reproduzierbaren Abfall des PaO_2 (Abb. 3). Da oftmals schon niedri-

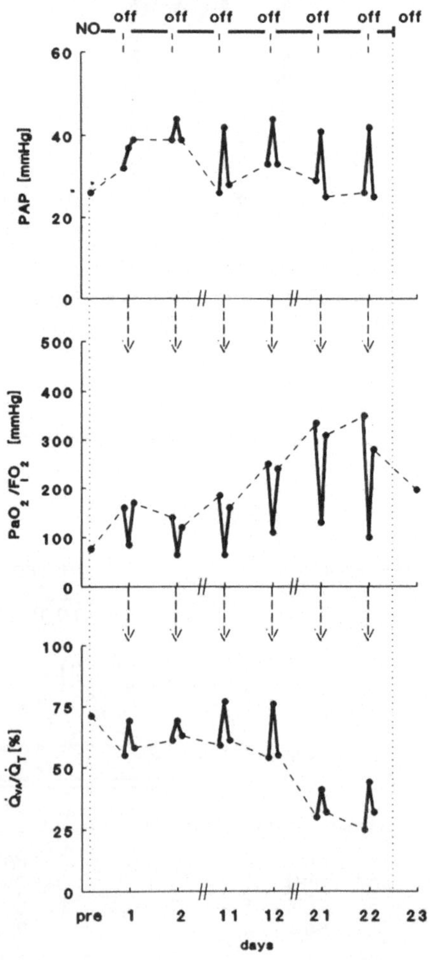

Abb. 3. Veränderungen des PAP, PaO_2/F_1O_2, und der venösen Beimischung ($\dot{Q}_{VA}/\dot{Q}_T$) bei Unterbrechung der kontinuierlichen NO-Inhalation bei einem Patienten mit schwerem ARDS, der für 22 Tage NO inhalierte. Da der Gasaustausch während der Behandlungszeit besser wurde, wurde die NO Inhalationstherapie am 22. Tag beendet und der Pulmonalarterienkatheter entfernt

gere Konzentrationen als 18 ppm zu einer maximal erreichbaren Senkung des PAP bzw. Anstieg des PaO_2 führten, lagen bei der Langzeitanwendung die verwendeten NO-Konzentrationen zwischen 5 und 20 ppm. Nebenwirkungen wurden während des gesamten Untersuchungszeitraumes nicht beobachtet, insbesondere waren keine erhöhten Methämoglobinspiegel zu messen.

Schlußfolgerung

Die Inhalation von niedrig konzentriertem NO (5–36 ppm) führt bei Patienten mit schwerem ARDS zu einer selektiven Vasodilatation ventilierter Lungenareale. Hierdurch wird ohne die nachteiligen Auswirkungen systemisch infundierter Vasodilatatoren (arterielle Blutdrucksenkung und intrapulmonale Shunterhöhung) der PAP und damit der effektive Filtrationsdruck im Lungenkreislauf gesenkt. Auch wenn die Inhalation des NO den PAP einerseits auf Grund der fehlenden Vasodilatation in Shuntarealen und andererseits auf Grund verschlossener Lungenkapillaren nicht normalisiert, senkte NO Inhalation den PAP auf das gleiche Niveau wie die i. v. Infusion von 4 ng/kg/min PGI_2 und in einem ähnlichen Ausmaß wie Natrium-Nitroprussid bei anderen ARDS-Patienten [44]. Darüber hinaus kann die NO Inhalation durch eine Umverteilung des Blutflusses aus intrapulmonalen Shuntarealen zugunsten von Bezirken mit einem normalen Ventilations-Perfusionsverhältnis die Oxygenation in einem klinisch wichtigen Ausmaß verbessern. Dieser Effekt wird einerseits mit der Inhalationsstrategie und andererseits mit der schnellen Inaktivierung des Vasodilatators im Blut durch die sofortige Bindung des NO an Hämoglobin erklärt. In diesen ersten Studien ermöglichte die NO Inhalation eine Reduktion der pulmonalen Hypertonie und der inspiratorischen Sauerstoffkonzentration, also eine Behandlung zweier pathogenetischer Faktoren, die mitverantwortlich für die bisher schlechten Behandlungsergebnisse des ARDS sein können. Diese Ergebnisse ermutigen zu weiteren Studien, um insbesondere den Einfluß der NO Inhalation beim ARDS-Patienten im Hinblick auf die Letalität zu untersuchen. Auch sollten weitere Untersuchungen zur Dosis-Wirkungs-Beziehung, zur Toxizität des inhalierten NO, zur Auswirkung der NO-Inhalation auf die Thrombozyten-Aggregation, auf die Makrophagen-Aktivität und auf eine mögliche Interaktion mit der endogenen NO-Produktion durchgeführt werden.

Literatur

1. Ashbaugh DG, Bigelow DB, Petty TL, Levine BE (1967) Acute respiratory distress in adults. Lancet ii: 319–323
2. Austin AT (1967) The chemistry of the higher oxides of nitrogen as related to the manufacture, storage and administration of nitrous oxide. Br J Anaest 39: 345–350
3. Bredt DS, Hwang PM, Snyder SH (1990) Localization of nitric oxide synthase indicating a neural role for nitric oxide. Nature 347: 768–770
4. Brenner BM, Troy JL, Ballermann BJ (1990) Endothelium-dependent vascular responses. J Clin Invest 84: 1373–1378
5. Centers for Disease Control (1988) Recommendations for occupational safety and health standard. MMWN 37 [Suppl 5–7]
6. Clutton-Brock J (1967) Two cases of poisoning by contamination of nitrous oxide with the higher oxides of nitrogen during anesthesia. Br J Anaest 39: 388–392
7. Erdmann JA, Vaughan TR, Brigham KL, Woolverton WC, Staub NC (1975) Effect of increased intravascular pressure on lung fluid balance of anesthetized sheep. Circ Res 37: 271–284
8. European ARDS Collaborative Working Group (1988) Adult respiratory distress syndrome (ARDS): clinical predictors, prognostic factors and outcome. Intensive Care Med 14 [Suppl 1]: 300
9. Evans JW, Wagner PD (1977) Limits on V_A/Q distributions from analysis of experimental inert gas elimination. J Appl Physiol 42: 889–898
10. Falke K, Rossaint R, Pison U, Slama K, Lopez F, Santak B, Zapol WM (1991) Inhaled nitric oxide selectively reduces pulmonary hypertension in severe ARDS and improves gas exchange as well as right heart ejection fraction: a case report. Am Rev Respir Dis 143: [Suppl A248]
11. Frostell C, Fratacci MD, Wain JC, Jones R, Zapol WM (1991) Inhaled nitric oxide: a selective pulmonary vasodilator reversing hypoxic pulmonary vasoconstriction. Circulation 83: 2038–2047
12. Furchgott RF, Zawaadzki JV (1980) The obligatory role of endothelial cells in the relaxation of arterial smooth muscle by acetylcholine. Nature 288: 373–376
13. Furlong B, Henderson AH, Lewis MJ, Smith JA (1987) Endothelium derived relaxing factor inhibits in vitro platelet aggregation. Br J Pharmacol 90: A687
14. Goldstein E, Peek NF, Parks NJ, Hines HH, Steffey EP, Tarkington H (1977) Fate and distribution of inhaled nitrogen dioxide in rhesus monkeys. Am Rev Respir Dis 115: 403–412
15. Gottlieb SS, Wood LDH, Hansen DE, Long R (1987) The effect of nitroprusside on pulmonary edema, oxygen exchange, and blood flow in hydrochloric acid aspiration. Anesthesiology 67: 203–210
16. Greenbaum R, Bay J, Hargreaves MD, Kain ML, Kelman GR, Nunn JF, Prys-Roberts C, Siebold K (1967) Effects of higher oxides of nitrogen on the anaesthetized dog. Br J Anaest 39: 393–404
17. Haschek WM, Reiser KM, Klein-Szanto AJP, Kehrer JP, Smith LH, Last JA, Witschi HP (1983) Potentiation of butylated hydroxytoluene-induced acute lung damage by oxygen: cell kinetics and collagen metabolism. Am Rev Respir Dis 127: 28–34

18. Hibbs JB, Taintor RR, Vavrin Z, Rachlin EM (1988) Nitric oxide: a cytotoxic activated macrophage effector molecule. Biochem Biophys Res Commun 157: 87–94
19. Hibbs JB, Zdenek V, Traintor RR (1987) L-Arginine is required for expression of the activated macrophage effector mechanism causing selective metabolic inhibition in target cells. J Immunol 138: 550–565
20. Hugod C (1979) Effect of exposure to 43 ppm nitric oxide and 3.6 ppm nitrogen dioxide on rabbit lung. Int Arch Occup Environ Health 42: 159–167
21. Ignarro LJ (1989) Endothelium-derived nitric oxide, actions and properties. Faseb J 3: 31–36
22. Ignarro LJ, Buga GM, Wood KS, Byrns RE, Chaudhurri G (1987) Endothelium-derived relaxing factor produced and released from artery and vein is nitric oxide. Proc Natl Acad Sci USA 84: 9265–9269
23. Klimm J, Bein TH, Fröhlich D, Taeger K (1992) Stickstoffmonoxid (NO) physiologische und biochemische Bedeutung. Anästh Intensivmed 33: 115–123
24. Kolobow T, Moretti MP, Fumagalli R, Mascheroni D, Prato P, Chen V, Joris M (1987) Severe impairment in lung function induced by high peak airway pressure during mechanical ventilation. Am Rev Respir Dis 135: 312–315
25. Moncada S, Palmer MJ, Higgs EA (1991) Nitric oxide: physiology, pathophysiology, and pharmacology. Pharmacol Rev 43: 109–142
26. Myers PR, Minor RL, Guerra R, Bates JN, Harrison DG (1990) Vasorelaxant properties of the endothelium-derived relaxing factor more closely resemble S-nitrosocysteine than nitric oxide. Nature 345: 161–163
27. Norman V, Keith CH (1965) Nitrogen oxides in tobacco smoke. Nature 205: 915–916
28. Oda H, Kusumoto S, Nakajima T (1975) Nitrosylhemoglobin formation in the blood of animals exposed to nitric oxide. Arch Environ Health 30: 453–456
29. Oda H, Nogami H, Kusumoto S, Nakajima T, Kurata A, Imai K (1976) Long-term exposure to nitric oxide in mice. J Jpn Soc Air Pollut 11: 150–160
30. Palmer RMJ, Ferrige AG, Moncada SA (1987) Nitric oxide release accounts for the biological activity of endothelium-derived relaxing factor. Nature 327: 524–526
31. Radermacher P, Santak B, Becker H, Falke KJ (1989) Prostaglandin E1 and nitroglycerin reduce pulmonary capillary pressure but worsen V_A/Q distributions in patients with ARDS. Anesthesiology 70: 601–606
32. Rossaint R, Falke KJ, Keitel M, Lopez F, Pison U, Slama K, Grüning T, Zapol WM (1992) Inhaled nitric oxide in contrast to infused prostacyclin selectively reduces pulmonary hypertension and improves gas exchange in severe ARDS. Am Rev Respir Dis 145: A185
33. Rossaint R, Falke KJ, Keitel M, Slama K, Gerlach H, Hahn M, Zapol WM (1992) Successful treatment of severe adult respiratory distress syndrome with inhaled nitric oxide. Am Rev Respir Dis 145: A80
34. Rossaint R, Slama K, Falke K (1991) Therapie des ARDS. Dtsch Med Wochenschr 116: 1635–1639
35. Rossaint R, Slama K, Lewandowski K, Streich R, Henin P, Hopfe T, Barth H, Nienhaus M, Weidemann H, Lemmens P, Fuchs J, Falke K (1992) Extracorporeal lung assist with heparin-coated systems. Int J Artif Org 15: 29–34
36. Sibbald WJ, Driedger AA, Myers ML, Short AK, Wells GA (1983) Biventricular function in the adult respiratory distress syndrome. Chest 84: 126–134

37. Suchyta MR, Clemmer TP, Orme JF, Murris AH, Elliott CG (1991) Increased survival of ARDS patients with severe hypoxemia (ECMO criteria). Chest 99: 951–955
38. Tharratt RS, Allen RP, Albertson TE (1988) Pressure controlled inverse ratio ventilation. Chest 94: 755–762
39. Vlahakes GJ, Turley K, Hoffmann JIE (1981) The pathophysiology of failure in acute right ventricular hypertension: Hemodynamic and biochemical correlations. Circulation 63: 87–95
40. Wagner HM (1970) Absorption von NO und NO_2 in MIK- und MAK-Konzentrationen bei der Inhalation. Staub Reinhalt Luft 30: 380–381
41. Wagner PD, Saltzmann HA, West JB (1974) Measurements of continuous distributions of ventilation-perfusion ratios: theory. J Appl Physiol 36: 588–599
42. Yoshida K, Kasama K (1987) Biotransformation of nitric oxide. Env Health Persp 73: 201–206
43. Zapol WM, Snider MT (1977) Pulmonary artery hypertension in severe acute respiratory failure. N Engl J Med 296: 476–480
44. Zapol WM, Snider MT, Rie MA, Frikker M, Quinn DA (1985) Pulmonary circulation during ARDS. In: Zapol WM, Falke K (eds) Acute respiratory failure, vol 24. Marcel Dekker, New York, pp 241–273

Korrespondenz: Dr. R. Rossaint, Klinik für Anaesthesiologie und operative Intensivmedizin, Universitätsklinikum Rudolf Virchow, Augustenburger Platz 1, D-W-1000 Berlin 65, Bundesrepublik Deutschland

Surfaktanttherapie beim Atemnotsyndrom des Erwachsenen

Experimentelle Grundlagen und erste klinische Erfahrungen

W. Strohmaier

Ludwig Boltzmann Institut für Experimentelle und Klinische Traumatologie,
Wien, Österreich

Pulmonaler Surfaktant ist ein hochgesättigtes Phospholipid-Protein-gemisch, das in den Pneumozyten zweiter Ordnung synthetisiert wird. Die bestuntersuchte und auch wichtigste Eigenschaft pulmonalen Surfaktants ist die Stabilisation der Alveolen in der Endexspiration. Dies wird erreicht durch die Fähigkeit dieser Phospholipide, unter Kompressionsbedingungen stabile Filme mit extrem niedrigen Ober-flächenspannungen zu bilden ($\rightarrow$ Anti-Atelektase Faktor) [1]. Diese Eigenschaft ist auch dafür verantwortlich, daß sich unter Normalbedingungen kein Alveolarödem entwickelt ($\rightarrow$ Anti-Ödem-Faktor) [3]. Die Forschung der letzten Jahre hat viele darüberhinaus gehende wesentlich differenziertere Eigenschaften und Funktionen pulmonalen Surfaktants beschrieben. Demnach spielt Surfaktant als Einheit, aber auch durch seine Bestandteile eine zentrale Rolle für die Abwehrmechanismen der Lunge:

- Einfluß auf Migration und Phagozytoseverhalten alveolärer Makrophagen
- Opsonin
- Hemmung der TNF-Freisetzung von Makrophagen
- Hemmung der Adhäsion von polymorphkernigen Neutrophilen
- Erniedrigung der Proliferation von T-Lymphocyten
- Radikalfänger (H_2O_2, O_2^-, etc.)
- Bindung und Abtransport von Partikeln

Dieses komplexe und verzahnte Funktions- und Wirkungsspektrum ist durch die Heterogenität seiner Bestandteile aber auch ein empfindliches Ziel für eine Reihe von aggressiven Metaboliten, die während pathologischer Prozesse frei werden. Es wurde gezeigt, daß die gleichen reaktiven Sauerstoffspezies und Proteasen, die die Permeabilität des Kapillarendothels erhöhen, auch den alveolären Surfaktantanteil angreifen. Gleichzeitig kommt es durch den Einstrom proteinreicher Ödemflüssigkeit in den Alveolarraum zu einer funktionalen Inhibierung des Surfaktant. Allen voran Fibrinmonomer und Fibrinogen, aber auch Albumin und Hämoglobin behindern durch intra- und intermolekulare Vernetzung mit Phospholipiden die Mobilität der Phospholipide innerhalb des Surfaktantfilmes und den Austausch mit der wäßrigen Hypophase [7]. Daraus resultiert ein drastischer Abfall der Oberflächenaktivität. Abbildung 1 faßt diese Abfolge von Ereignissen zusammen.

Die entstehenden Atelektasen und die Verminderung der Gasaustauschfläche führen zur Erniedrigung der Compliance und zur Ver-

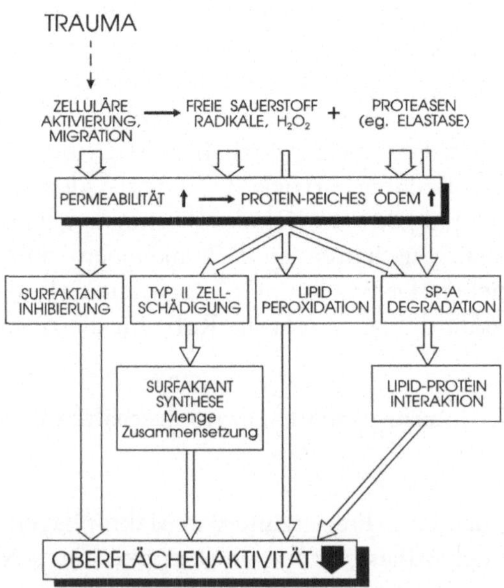

Abb. 1. Das Fließschema zeigt den Ablauf von Ereignissen, die letztlich zu Surfaktantschädigung und Atemnotsyndromen führen

Tabelle 1. Beispiele für Surfaktantpräparationen

Typ	Herkunft	Zusammensetzung
Natürlich	Humane Amnionflüssigkeit	Phospholipide, neutrale Lipide, hydrophobe und hydrophile Apoproteine
Modifiziert natürlich	Rind, z. B. Survanta	Phospholipide und hydrophobe Apoproteine
	Schwein, z. B. Curosurf	Phospholipide und hydrophobe Apoproteine
Synthetisch, ohne Protein/Peptid	Exosurf	DPPC, Hexadekanol, Tyloxapol
	ALEC	DPPC: EI-PG 7:3
Synthetisch, mit Protein/Peptid	RL$_4$	Arg(Leu-Leu-Leu-Leu-Arg)$_4$, DPPC, PG
	?	rekombinante Proteine, Phospholipide

DPPC Dipalmitoylphosphatidylcholin, *PG* Phosphatidylglyzerol

schlechterung der Blutgaswerte-Verhältnisse. Die zwingend notwendige Reaktion, nämlich eine Erhöhung des inspiratorischen Druckes und/oder eine Erhöhung der inspiratorischen Sauerstoffkonzentration, setzt in den meisten Fällen einen Teufelskreis in Gang. An dieser Stelle setzt das Konzept „Surfaktant Replacement" ein: Wenn es gelingt, den geschädigten und/oder inhibierten Surfaktant durch Zufuhr exogenen Materials zu ersetzen und dadurch die Gasaustauschfunktion der Lunge zu verbessern, dann könnte dieser circulus vitiosus durchbrochen werden. Die für die Umsetzung dieses Konzeptes notwendigen Voraussetzungen kommen aus der Neonatalogie: Theoretisches Grundwissen und mehrere, teilweise bereits am Markt befindliche Surfaktantpräparationen (Tabelle 1).

Wie in der Neonatologie war für die Erforschung der „Replacement-Therapie" die Entwicklung von Tiermodellen unerläßlich. Und hier zeigt sich bereits ein erster grundlegender Unterschied zum IRDS: Während die „Natur" das IRDS-Modell in Form von frühzeitig geborenen Feten mit frei wählbarem Gestationsalter — und damit Schweregrad des IRDS — zur Verfügung stellt, muß im Falle des ARDS der Vielzahl von verschiedenen Ursachen im Modell Rechnung getragen werden (zur Übersicht siehe [8]):

– Lungen- und Surfaktantschädigung via Trachea
  - Inhalationsmodelle: Rauch, Dampf, toxische Gase (NO_2, Ozon, O_2)
  - Aspiration: Salzsäure, Meconium, Betainhydrochlorid + Pepsin
  - Multiple in vivo Lungenlavage

– Lungen- und Surfaktantschädigung als Konsequenz systemischer Reaktionen
  - Polytrauma
  - Sepsis
  - Lungenkontusion

– Andere
  - NNNMU, Paraquat
  - Neurologisches Trauma (bilaterale Vagotomie)
  - Anti-Lungenserum, implantierte Hybridome

Hier soll stellvertretend auf die experimentelle Aspiration eingegangen werden. Dieses Modell zeichnet sich durch klinische Relevanz, lange Beobachtungszeiten und hohe Reproduzierbarkeit aus.

Modellbeschreibung

Kaninchen werden narkotisiert und orotracheal intubiert. Die intratracheale Applikation von 2 ml/KG Betain-HCI und Pepsin (Oroacid, 1 Tablette in 40 ml H_2O; pH = 1,78) führt zu einer 50%igen Abnahme der statischen Compliance, sowie einer 30–50%igen Reduktion der Vitalkapazität innerhalb von 24 Stunden. Damit verbunden ist beim wachen Tier unter Spontanatmung in Raumluft ein Abfall des arteriellen Sauerstoffpartialdruckes von ca. 90 mm/Hg auf 50–60 mm/Hg. Nach 24 Std. wird das Tier erneut narkotisiert und intubiert. Verschiedene Surfaktantpräparationen werden in verschiedenen Dosen appliziert, die Tiere zur besseren Verteilung etwas nachbeatmet (PEEP = 5 cm H_2O; FiO_2 = 0,3; 3 min). Nach weiteren 24 Std. werden die Tiere getötet, und die statische Compliance sowie die Vitalkapazität bestimmt.

Die bis jetzt vorliegenden Ergebnisse lassen folgende Schlüsse zu:

1. Es ist möglich, mit der intratrachealen Applikation von exogenem Surfaktant die statische Compliance und die Vitalkapazität wieder auf die Ausgangswerte anzuheben.
2. Unter Spontanatmung bleibt die Oxygenierung mangelhaft, jedoch zeigen behandelte Tiere einen guten Gasaustausch bei erhöh-

ter inspiratorischer O_2-Konzentration. Unbehandelte Tiere sind auch durch Beatmung nicht besser zu oxygenieren.

3. Die Wirksamkeit der verwendeten Präparationen fällt – nach derzeitigem Wissensstand – mit der Zunahme ihrer synthetischen Bestandteile.

4. Eine parallel durchgeführte Vergleichsuntersuchung mit Steroiden (Dexamethason) ergab keinerlei therapeutische Wirksamkeit im selben Beobachtungszeitraum, auch nicht bei prophylaktischer Gabe.

In einer ersten klinischen Studie mit Cross-over Design konnte von Richman [5] bei zwei Patienten eine transiente und bei einem Patienten eine anhaltende Besserung der Gasaustauschsituation erreicht werden. Eine prospektive, placebo-kontrollierte Multicenterstudie an knapp 50 Patienten wurde heuer präsentiert. Als Erfolg einer 5 tägigen kontinuierlichen Vernebelung von Exosurf® in zwei Konzentrationen (Dipalmitoylphosphatidylcholin [DPPC] [40,5 mg/ml und 81 mg/ml]) vs. Kochsalz berichtet Reines et al. [5] von einer signifikanten Erniedrigung der 14-Tage-Mortalität in beiden Behandlungsgruppen.

Einen klassischen Fall von „Früh ARDS" nach protrahiertem Schock (ISS = 45) berichteten Joka und Obertacke [4]. Appliziert wurden 50 mg/kg KG einer bovinem Präparation (Thomae GesmbH). Innerhalb einer Stunde trat eine Besserung des Gasaustausches sowie eine 25%ige Erniedrigung des pulmonal-arteriellen Mitteldrukkes ein. Die klinische Besserung war begleitet von einer deutlichen Verminderung der Proteindurchlässigkeit der alveolär-kapillären Schranke sowie einem Konzentrationsabfall der granulozytären Elastase in der Lavage. Eine schrittweise Reduktion der Beatmung erreichte eine FiO_2 = 0,21 am 10. Tag nach Surfaktantgabe und ermöglichte die Extubation am 16. Tag nach der Surfaktantapplikation.

Einen sehr unterschiedlichen Fall, der aber ebenfalls Modellcharakter besitzt, berichteten Czech et al. [2].

Eine 47jährige Patientin wurde mit einer Stichverletzung am linken Thorax eingeliefert. Nach mehreren Tagen Intensivtherapie bleibt ein ungelöstes Problem: trotz Hochfrequenz überlagerter Beatmung mit inversem I:E Verhältnis und wiederholter fiberbronchoskopischer Absaugung kann der Kollaps des linken Unterlappens nur auf zwei Möglichkeiten verhindert werden: Seitengetrennte Beatmung oder Beatmung der Patientin in Bauchlage. Auch nach 3 Wochen war jeder Versuch einer Beatmung in Rückenlage vom Kollaps des linken Unterlappens begleitet. Es wurden daraufhin 6 × 1 ml (80 mg/ml) einer porcinen Surfactantpräparation (Curosurf®) im Abstand von jeweils 12 Std. bronchoskopisch in den Unterlappen appliziert. Nach 2 Gaben war zwar die Atelektase in Rückenlage noch vorhanden aber ohne Absinken des arteriellen Sauerstoffdruckes. Nach der 6. Applikation verbesserte sich der röntgenologische Befund weiter, die Patientin wurde entwöhnt und konnte während der nächsten 24 Stunden extubiert werden.

Sowohl die experimentellen Befunde, als auch die wachsende Zahl von behandelten Patienten lassen den Schluß zu, daß die Applikation exogenen Surfaktants im Rahmen der ARDS-Therapie eine vielversprechende Zukunft hat. Man kann den zitierten Studien und Fällen aber auch entnehmen, wie unterschiedlich das Vorgehen war. In anderen Worten, eine Vielzahl von Fragen ist noch unbeantwortet:

- *Applikation:* In welchen Intervallen (wenn überhaupt) soll wie (intratracheal – intrabroncheal – intralobär) verabreicht werden?
- *Dosierung:* Derzeit werden Dosen zwischen 10 und 200 mg/kg KG berichtet.
- *Wahl der Surfaktantpräparation:* Gibt es heute oder in Zukunft eine optimal angepaßte Präparation für verschiedene ARDS-Ursachen?
- *Indikation:* Wann soll wer behandelt werden? Welche Kriterien werden herangezogen?

Gemeinsam ist diesen Fragen, daß sie alle ihre Entstehung der Tatsache verdanken, daß die Situation des Erwachsenen im RDS mit der Situation des Neugeborenem nur symptomatisch vergleichbar ist. Die Ursache, das morphologische Substrat und letzlich die Anatomie der Patienten sind so unterschiedlich, daß hier die Neonatalogie nicht mehr als Vorreiter dienen kann.

Die nächsten Jahre werden zeigen, ob die Applikation exogenen Surfaktants in der Therapie des ARDS eine vergleichbare Rolle einnehmen kann, wie sie es beim Neugeborenen bereits getan hat.

Literatur

1. Clements JA, Tierney DF (1965) Alveolar instability associated with altered surface tension. In: Fenn WO, Rahn H (eds) Handbook of physiology. Respiration. Sect 3, vol II. American Physiological Society, Washington, pp 1565–1583
2. Czech K, Strohmaier W (1992) Application of Curosurf in a patient with persistent atelectasis after hematothorax. 7th International Workshop on Surfactant replacement, San Sebastian, June 1–2
3. Guyton AC, Moffatt DS, Adair TH (1984) Role of alveolar surface tension in transepithelial movement of fluid In: Robertson B, Van Golde LMG, Batenburg JJ (eds) Pulmonary surfactant. Elsevier, Amsterdam, pp 171–185
4. Joka T, Obertacke U (1989) Neue medikamentöse Behandlung im ARDS. Effekt einer intrabronchialen xenogenen Surfactapplikation. Z Herz Thorax Gefäßchir [Suppl 1]3: 21–24

5. Reines HD, Silverman H, Hurst J, Warren J, Williams J, Rotello L, Horton J,
    Pattishall E (1992) Effects of two concentration of nebulized surfactant (Exosurf)
    in sepsis-induced adult respiratory distress syndrome (ARDS). Crit Care Med
    [Suppl]20: S61
6. Richman PS, Spragg RG, Robertson B, Merritt T (1989) The adult respiratory
    distress syndrome: first trials with surfactant replacement. Eur Respir J [Suppl 3]2:
    109–111
7. Seeger W, Stöhr G, Wolf HRD, Neuhof H (1985) Alteration of surfactant function
    due to protein leakage: special interaction with fibrin monomer. J Appl Physiol 58:
    326–338
8. Strohmaier W, Schlag G (1992) Experimental models in surfactant research. In:
    Schlag G, Redl H (eds) Pathophysiology in shock, sepsis and organ failure.
    Springer, Berlin Heidelberg New York Tokyo (im Druck)

Korrespondenz: Dipl.-Ing. Dr. W. Strohmaier, Ludwig Boltzmann Institut für Experimentelle und Klinische Traumatologie, Donaueschingenstraße 13, A-1200 Wien, Österreich

Extrakorporale CO$_2$-Elimination zur Behandlung der respiratorischen Insuffizienz

M. Knoch, E. E. Müller und **W. Höltermann**

Abteilung für Anästhesie und Intensivmedizin, Philipps-Universität Marburg,
Bundesrepublik Deutschland

Das akute Lungenversagen (ARDS) ist auch 25 Jahre nach der Erstbeschreibung durch Ashbough [1] ein aktuelles Problem der Intensivmedizin. Obwohl inzwischen viele Details der Pathophysiologie und der Pathobiochemie (Mediatoren) in experimentellen Modellen nachvollziehbar aufgeklärt sind, gibt es bis heute keinen erfolgserprobten und anerkannten medikamentösen Therapieansatz. Klinisch ist das schwere Lungenversagen gekennzeichnet durch eine fortschreitende Hypoxie, eine verminderte Dehnbarkeit der Lungen (Compliance) und großfleckige Infiltrate im Lungen-Röntgenbild. Dabei ist ein normaler pulmonal-kapillarer Verschlußdruck (PCWP) für dieses nichtkardiogene Lungenödem charakteristisch.

Rationale Grundlagen der ECCO$_2$-R

Die positive Überdruckbeatmung, ursprünglich entstanden als Ersatz der Atemmuskelpumpe zur Überbrückung einer Ateminsuffizienz aus extrapulmonaler Ursache (Polioepidemien, neuromuskuläre Erkrankungen), wurde mehr und mehr auch in der Behandlung von Lungenparenchymerkrankungen eingesetzt. Wenn auch mit dem Respirator die Ventilation (CO$_2$-Abgabe) leicht kontrolliert werden kann, so ist er keinesfalls ein kausal wirkendes therapeutisches Instrument in der Behandlung des Lungenparenchymschadens. Vielmehr verleiht er dem fortschreitenden akuten Lungenversagen mit toxisch hohen inspiratorischen Sauerstoffkonzentrationen, regionaler Hyperventilation und direkter Parenchymläsion durch hohes Zugvolumen und hohen Beatmungsdruck eine deletäre Eigendynamik. Hierdurch entsteht beim fortgeschrittenen ARDS ein „circulus vitiosus", der zur Sicherstellung des Gasaustausches eine immer „aggressivere" mechanische Beatmung und immer höhere Sauerstoffkonzentrationen erfordert und damit selbst zu einem weiteren Parenchymschaden führt. Inzwischen ist der Effekt dieser „aggressiven Respiratortherapie" auch experimentell gut nachvollzogen [3]. Kolobow [10] schuf mit einem bestechend einfachen Tierexperiment, bei dem er gesunde Schafe mit 50 cm Wassersäule Spitzendruck beatmete geradezu ein ARDS-Modell. Dabei *verbesserten* sich zu Beginn Oxygenation und auch die Compliance, bis der Beatmungsverlauf innerhalb weniger Stunden durch einen schweren Parenchymschaden mit Verlust von Surfacant und den Zeichen des Multi-Organ-Versagens tödlich endete. Nicht nur der hohe Beatmungsdruck sondern ebenso das hohe Zugvolumen und die Hyperventilation [11] erzeugen diesen schweren Lungenparenchymschaden.

Die Abb. 1 zeigt einen computertomographischen Transversalschnitt durch die Lunge eines Patienten mit schwerem ARDS, aufgenommen in einem inspiratorischen Atemstillstand bei einem

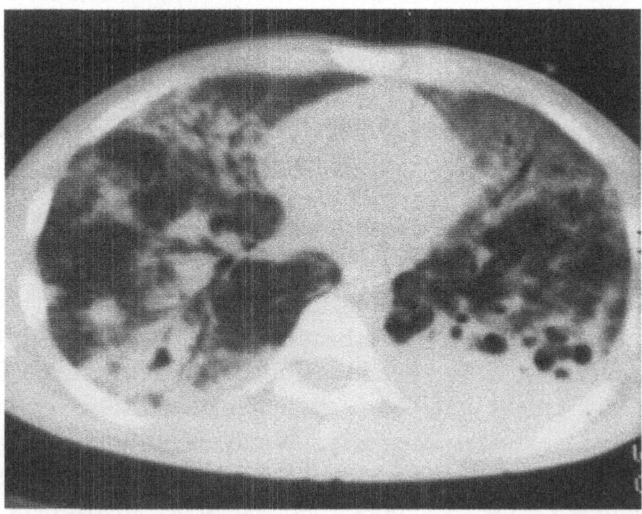

Abb. 1. Computertomographischer Querschnitt bei schwerem ARDS während des expiratorischen Atemstillstandes bei 45 cm Wassersäule (Erläuterung siehe Text)

Spitzenatemwegdruck von 45 cm Wassersäule. Das Lungenversagen stellt sich im CT als Mischbild aus alveolären und interstitiellen Infiltrationen, überdehnten Regionen, interstitiellem Emphysem mit nur einem kleinen Anteil normal belüfteten Lungenparenchyms dar. Oft sind nur 15–20% der gesamten Lunge belüftet während auch bei maximalem inspiratorischen Druck der Rest des Lungenparenchyms entweder nicht belüftet (FRC-Verlust, Surfactantenmangel, Compliance-Verlust) aber durchblutet (Shunt), oder überbläht (interstitielles Emphysem und Barotrauma) wird. Der verbleibende intakte Lungenrest hat eine normale spezifische Compliance und muß den Gaswechsel des Gesamtorganismus bewerkstelligen. Der gesunde Lungenrest wird deshalb unter mechanischer Beatmung hyperventiliert, was zusammen mit der Druckschädigung und Überdehnung zu einer weiteren Schädigung zuvor normaler Alveolen führt. Je kränker die Lunge desto schlimmer sind deshalb die Folgen des hohen Beatmungsdruckes und Zugvolumen, was sich auch in der höheren Pneumothoraxinzidenz bei fortgeschrittenen Lungenversagen unabhängig vom Beatmungsdruck manifestiert [8].

Ausgehend von der physiologischen Erkenntnis, daß die Oxygenierung des Blutes auch als apnoische Oxygenierung erfolgen kann, z.B. durch Insufflation von Sauerstoff in die auf einem niedrigen Druckniveau die geblähte Lunge [9], also die Thoraxexkursion und somit die mechanische Beatmung vorwiegend der Ventilation dienen, entstand das vor 10 Jahren von Kolobow und Gattinoni in die Klinik eingeführte Verfahren der extrakorporalen CO$_2$-Elimination [5]. Es handelt sich um einen partiellen Lungenersatz, bei dem die Ventilation durch Membranlungen übernommen wird, die naturgemäß unbedenklich „hyperventiliert" werden können z.B. mit einem Ventilations-Perfusionsverhältnis von 10:1, während die Oxygenierung über die *„ruhig"* gestellte Patientenlunge als apnoische Oxygenierung erfolgt. Mit dem veno-venösen Langzeitbypass kann durch die Membranlunge das gesamte im Stoffwechsel gebildete CO$_2$ entfernt werden und in Abhängigkeit vom Anteil des extrakorporalen Blutfluß eine präpulmonale Oxygenierung erfolgen ohne die erkrankte Lunge einer schädlichen mechanischen Ventilation auszusetzen. Die extrakorporale CO$_2$-Elimination erspart die sonst zur Aufrechterhaltung der Homöostase notwendige aggressive Respiratoreinstellung und ermöglicht neben der Ruhigstellung der erkrankten Lunge gleichzeitig eine Anhebung der gemischt-venösen Sauerstoffsättigung mit verbessertem Sauerstoffangebot für das erkrankte Lungenparenchym, dessen Sauerstoffbedarf überwiegend über die pulmonalarterielle Sauerstoffzufuhr sichergestellt wird. Eine Ausheilung des ARDS erfolgt, vorausgesetzt die zugrundeliegende Krankheit ist überwunden, ähnlich wie beim akuten Nierenversagen in aller Regel spontan. Somit dient die extracorporale CO_2-Elimination nicht der *Heilung* des ARDS sondern der Abwendung der *Folgeschäden* durch die mechanische Ventilation, was auch in tierexperimentellen Vergleichsuntersuchungen [2, 15] demonstriert werden konnte.

Methode

Von der Vena femoralis führt der partielle veno-venöse Bypass in ein Reservoir und über eine Rollerpumpe durch ein bis zwei Membranlungen zurück in die Vena jugularis des Patienten [8, 13]. In der eigens für den Langzeitbypass modifizierten Herzlungenmaschine sind Blut-, Gas- und Wärmekreislauf mit Regel- und Überwachungseinrichtungen versehen.

Bei den zur Zeit für den veno-venösen Bypass benutzten Membranlungen (mikroporöse Polypropylen-Hohlfaseroxygenatoren) genügt ein extracorporaler Blutfluß von 1 bis 2 l/min um den Patienten normokapnisch zu halten. Höhere Blutflußraten (50 bis 70% des Herzzeitvolumens) dienen vorwiegend dem zusätzlichen Sauerstofftransfer, der *„präpulmonalen Oxygenierung"*.

Unabhängig vom Bypassgerät überwachen wir die gemischt-venöse Sauerstoffsättigung, die arterielle Sauerstoffsättigung sowie die Drucke im großen und kleinen Kreislauf on-line.

Respiratoreinstellung

Die „klassische" Respiratoreinstellung verfolgte das Prinzip der Ruhigstellung der Lunge unter völligem Verzicht auf jede mechanische Ventilation. Die Patientenlunge wird auf einem PEEP-Niveau von 20–30 cm Wassersäule mit einem Servoventilator im SlMV-Modus gebläht gehalten. Die Oxygenierung erfolgt apnoisch mit einem zusätzlich eingebrachten intratracheal liegenden Katheter durch den 0,5–1 l Sauerstoff/min insuffliert wurde. 4–5 kurze Blähzüge bis etwa 35 cm H_2O Spitzendruck ohne Plateau dienen der Durchmischung und Befeuchtung der Atemgase. Durch das initial geringe Zugvolumen ist die Patientenlunge dabei völlig von der Ventilation abgekoppelt was sich an dem „paradoxen Verhalten" des CO_2-Partialdrucks mit höherem PCO_2 in der Arterie als in der Pulmonalarterie zeigen läßt. Erst bei einem Zugvolumen von etwa 8 ml/kg normalisieren sich die PCO_2-Werte wieder. Das anfangs zur Oxygenierung erforderliche hohe, zum Teil extreme PEEP-Niveau führte häufig zu Pneumathoraces und Pneumatocelen durch Expansionen des nahezu immer vorbestehenden interstitiellen Lungenemphysems [8], so daß in jüngster Zeit die niederfrequente Beatmung mit apnoischer Oxygenierung oft ersetzt wird durch eine stärkere präpulmonale Oxygenierung (Erhöhung des Bypassblutfluß auf 3–5 l/min) [13] und eine normofrequente druckbegrenzte Beatmung mit Atemwegsdrucken von 20–30 cm Wassersäule, bei deutlich niedrigeren PEEP-Niveaus.

Bei Besserung des Gasaustausch wird zunächst der F$_i$O$_2$ am Respirator erniedrigt und in einem zweiten Schritt langsam das PEEP-Niveau reduziert bis eine Atmung unter CPAP-Bedingungen möglich ist. Das Entwöhnen vom veno-venösen Bypass erfolgt simultan mit der Verstärkung der Eigenventilation des Patienten durch Reduktion des extrakorporalen Blutflusses. Bei wiederhergestellter eigener Gasaustauschleistung (F$_i$O$_2$ = 0,3, Normokapnie und ein PEEP-Niveau von 8–12 cm Wassersäule) wird der extrakorporale Gefäßzugang entfernt und der Patient konventionell weiter vom Respirator entwöhnt.

Monitoring

Neben dem hämodynamischen Monitoring werden mindestens einmal täglich die wichtigsten Lungenfunktionsparameter wie AaDO$_2$ unter reiner Sauerstoffbeatmung, der intra-pulmonale Rechts-Links-Shunt, der Sauerstoffverbrauch und das AP-Röntgen-Thoraxbild in tiefer inspiratorischer Atempause überwacht und zur Therapiesteuerung herangezogen. Ganz besonders wichtig für das bypassspezifische Monitoring ist die ständige Überwachung der plasmatischen Blutgerinnung und der Thrombozyten, um die Blutungsgefahr durch zu hohe Heparindosierung einerseits oder eine Gerinnselbildung im extrakorporalen Kreislauf andererseits frühzeitig zu erkennen. Ein tägliches bakteriologisches Monitoring aus dem Bypassblut muß zur Kontaminationskontrolle ebenfalls durchgeführt werden. Die weiteren spezifischen Überwachungsmaßnahmen entsprechen den Erfordernissen der zugrundeliegenden Krankheit des Patienten und unterscheiden sich nicht von der üblichen Routine bei schwerkranken Intensivpatienten.

Indikationen zum veno-venösen Langzeitbypass

Anfang der 80er Jahre waren die sogenannten „langsamen" oder „schnellen" Eingangskriterien der amerikanischen multizentrischen ECMO-Studie [20], die damals mit einer Überlebenswahrscheinlichkeit von 10% verknüpft waren auch die Indikationskriterien für die neue Behandlung. Diese Kriterien berücksichtigten neben dem Röntgenbild und dem pulmonal-kapillären Verschlußdruck ausschließlich die Oxygenation PO$_2$ < 50 mmHg bei F$_i$O2 von 1,0 > 8 Stunden (schneller Einschluß) oder bei F$_i$O$_2$ = 0,6 > 48 Stunden (langsamer Einschluß). Viele der Patienten, die diese „langsamen" ECMO-Einschluß-Kriterien erfüllten, konnten im weiteren Verlauf auch mit Hilfe der konventionellen Beatmung gebessert werden, insbesondere dann, wenn die Compliance des gesamten respiratorischen Systems über 30 ml/cm H_2O war. Gattinoni [6] fügte deshalb, um diese prognostische günstigere Gruppe auszuschließen, diesen Compliance-Wert der Indikationsliste zu.

Durch die späteren Erfahrungen in den verschiedenen anderen Behandlungszentren wurde die Bedeutung der Compliance etwas relativiert, zumal eine bestehende bronchopulmonale Fistelung oder schon bestehende Pneumatocelen einen falsch zu hohen Meßwert vortäuschen [8].

Eine jüngst veröffentlichte Untersuchung [18] zeigt, daß der Krankheitsverlauf unter Anwendung „langsamen" ECMO-Eingangskriterien heute mit einer deutlich niedrigeren Letalität behaftet ist als dies vor 20 Jahren ermittelt wurde. Der arterielle PO_2-Wert hatte auch im eigenen Patientengut keinerlei Relevanz. Ebensowenig konnte im eigenen Kollektiv der Punktwert des Murray-Score [14], der sich aus Röntgenthoraxbefund, Oxygenation, dem PEEP-Niveau und der Compliance errechnet, als alleiniges Indikationskriterium herangezogen werden. Alle von uns mit dem extrakorporalen Bypass behandelten Patienten erfüllten die Kriterien des schweren Lungenschadens nach Murray [14], aber viele konvenionell behandelte Patienten ebenso.

Smith [17] entwickelte den „Ventilatory-Index" aus Beatmungsdruck, Lebensalter und Oxygenierung und fand, daß ein Wert über 80 mit einer Letalität von 100% verbunden sind. Die von uns mit dem Langzeitbypass behandelten Patienten hatten in diesem Score einen „Ventilatory-Index" von deutlich über 80.

Eine weitere Einteilung des Lungenschaden berücksichtigt vier Stadien, die aus Oxygenierung, $AaDO_2$ / F_iO_2 dem Röntgenthoraxbefund, dem mittleren Pulmonalisdruck und der Compliance gebildet werden [12]. Die Kriterien des Stadium IV erfüllen Patienten mit einem *Oxygenierungsindex von mehr als 525 mmHg ($AaDO_2/F_iO_2$), ausgedehnten Infiltrationen im Röntgenthoraxbild, einem Compliancewert von > 30 ml/cm Wassersäule und einem mittleren Pulmonalisdruck von > 35 mmHg.*

Diese Einteilung hat den Vorteil, daß jeweils einfach zu bestimmender Parameter aus Gasaustausch, Morphologie, Lungenmechanik und Zirkulation zu Klassifikation herangezogen wird. Deshalb haben wir diese Schweregradbeschreibung in unsere Indikationsliste übernommen, obwohl es bisher keine Überprüfung der prognostischen Aussagefähigkeit dieser Gradeinteilung gibt. Erst aus dem Verlauf der Krankheit läßt sich das weitere therapeutische Vorgehen begründen. Nach einem Thoraxtrauma beispielsweise liegt oftmals eine schwere Gasaustauschstörung vor, die dem oben zitierten Stadium IV nach Morel [12] entspricht, wobei sich die Situation auch bei Anwendung konventioneller Beatmungstechniken in den meisten Fällen innerhalb der nächsten Tage bessert.

Zusammenfassend sind zur Indikationstellung für den extrakorporalen veno-venösen Langzeitbypass neben den Kriterien des schweren Lungenversagens und anderen anamnestischen Daten, die Heilbarkeit der zugrundeliegenden Krankheit, das Lebensalter und vor allem der Verlauf zu berücksichtigen. Wir halten die veno-venöse Bypassbehandlung für indiziert, wenn ein schweres progredientes ARDS mit einer beatmungspflichtigen Zeit von mehreren Tagen vorliegt und die Kriterien des Stadium IV nach Morel [12] auch nach einem 24stündigem Therapieintervall in der eigenen Klinik erfüllt werden.

Eine Ausnahme bilden Patienten, die unter einer lebensbedrohlichen Hypoxie leiden, die mit konventionellen Maßnahmen nicht beherrschbar ist. Kontraindikationen für diese Behandlung sehen wir bei Patienten mit infaustem Karzinomleiden, einer nicht sanierten Grundkrankheit (Peritonitis, fortgeschrittenes MOF) Lebensalter > 60 Jahre und bei Patienten, die eine schwere, klinisch manifeste, Gerinnungsstörung oder eine intracerebrale Blutung aufweisen. In Ermangelung einer multizentrischen Therapiestudie, die die Vorteile des veno-venösen Langzeitbypass in der Behandlung des schweren ARDS gegenüber der konventionellen Respiratortherapie belegt, bleibt die Indikationsstellung für dieses Therapieverfahren immer noch abhängig von den Erfahrungen des entsprechenden Behandlungsteams und ergibt sich für jeden individuellen Patienten aus einer Synopsis vieler klinischer Daten, der Anamnese und dem klinischen Verlauf.

In der Ende vor wenigen Jahren durchgeführten multizentrischen europäischen ARDS-Studie hatten Patienten deren Gasaustausch noch bessere Werte zeigte, als es dem Morel-Stadium IV entspricht, eine Letalität von 70% [4]. Berücksichtigt man noch den weiteren Krankheitsverlauf bei den eigenen Patienten, so dürfte die zu erwartende Letalität noch wesentlich höher liegen.

Ergebnisse

Faßt man die Ergebnisse, die weltweit von verschiedenen Zentren beschrieben sind, zusammen, so ergibt sich aus etwa 400 dokumentierten Krankheitsverläufen eine Langzeitüberlebensrate von 50% [13, 16]. Tabelle 1 zeigt die eigenen Behandlungsergebnisse. Bei etwa 75% der Patienten kommt es zu einer deutlichen Besserung des Gasaustausches *(Responder)*, so daß die extrakorporale Lungenunterstützung beendet werden kann und die weitere Entwöhnung vom Respirator durch druckunterstützte Spontanatmung oder CPAP erfolgt. Bei 25% der Patienten bleibt die Besserung des Gasaustausches aus. Oft handelt es sich um eine fortgeschrittene Fibrose oder der Patient erliegt den Folgen eines fortschreitenden Multiorganversagens und den damit verbundenen Komplikationen (Blutung bei Leberversagen, Hirnoedem, Therapie refraktäre Herzinsuffizienz etc.). Die Analyse des Verlaufs der eigenen Patienten konnte keinem einzelnem Parameter des Gasaustausch, der Hämodynamik oder einem Scoringwert, eine direkte prognostische Relevanz für *„Responder"* oder

Tabelle 1. Zusammenstellung von 132 Patienten, die in der Universitätsklinik Marburg mit der $ECCO_2$-R behandelt wurden (Stand November 1992)

		Patientenzahl
Gesamt		132
Überlebt		64 (48,5)
Verstorben		68 (51,5)
Alter (Jahre)		29,8 (2,5–61)
Responder		106 (72%)
$ECCO_2$-R-Dauer (Tage)		12,5 (2–61)
Beatmungszeit vor der $ECCO_2$-R (Tage)		15 (2–63)
Primäre Diagnosen:	Pneumonie	30
	Polytrauma inkl. Thoraxtrauma	50
	Schwere Operationen	24
	Geburtshilfliche Komplikationen	19
	Rauchinhalation	2
	Andere	7

„*Non-responder*" zum Zeitpunkt der Aufnahme zu ordnen. Erst die Verlaufsanalysen von multiplen Parametern in ihrem Gesamtkontext konnte besonders am Sauerstoffverbrauch und auch am Herzzeitvolumenindex in Verbindung mit dem Gasaustauschwerten das Multiorganversagen als Ursache für das Ausbleiben und des Behandlungserfolgs [8] identifizieren.

Bei 50% der Patienten kommt es zur nahezu vollständigen Restitutio der Lungenfunktion. „Follow up"-Untersuchungen zeigten, daß diese jugendlichen Patienten, die aus einer therapeutischen auswegslosen Situation gerettet werden konnten, eine berufliche und soziale Wiedereingliederung und normale Lebenserwartung erhoffen dürfen. Dabei kommt es zu einer erstaunlichen Wiederherstellung der Lungenfunktion in den üblichen Lungenfunktionstestparametern sowie zu einer morphologischen Restitution erkennbar im Lungenröntgenbild.

Verfahrensspezifische Probleme

Technische Komplikationen

Im Verlauf der letzten 10 Jahre hat sich der extrakorporale Langzeitbypass sowohl in der Neonatologie als auch bei Erwachsenen zu einem sicheren, standardisierten Verfahren entwickelt. Schlauchrupturen, Katheterdislokation oder Gasembolien sind extrem selten und mit dem vorher beschriebenen Monitoring sowie einem prophylaktischen Pumpenschlauchwechsel absolut vermeidbar. Rückblickend auf eine Perfusionsdauer von mehr als 30.000 Stunden kam kein einziger Patient durch eine technische Komplikation zu Schaden. Bakterielle Kontaminationen bei dem geschlossenen Kreislaufsystem sind besonders beim Austausch des Pumpenschlauch oder der Membranlungen möglich, weshalb alle diese Maßnahmen nur unter sorgfältigster Beachtung der Sterilität durchgeführt werden dürfen. Routinemäßige Blutkulturen aus dem extrakorporalen System und sofortiger Komplettaustausch bei Kontamination sollten das Sepsisrisiko wie bei anderen invasiven Verfahren Swan-Ganz-Katheter oder kontinuierlicher Hämofiltration auf ein Minimum reduzieren.

Ein bedeutender Fortschritt war die Einführung der transkutanen Gefäßkanülierung mit der modifizierten Seldinger-Technik. Mit speziell angefertigten Gefäßkanülen, die eine äußerst geringe Wandstärke haben, kann über eine einzige venöse Drainagekanüle, die über die Vena femoralis in die untere Hohlvene vorgeschoben wird, ein extrakorporaler Blutfluß von 30–40 ml/kg/Minute erreicht werden. Der Rückfluß erfolgt durch eine ebenfalls transkutan eingebrachte dünnlumigere Kanüle über die Vena jugularis in die oberer Hohlvene. Die wichtigsten Vorteile der transkutanen Kanülierung bestehen in der Möglichkeit der bettseitigen Installation des Bypass sowie der möglichen wiederholten Kanülierung, der ausbleibenden Nachblutung am Wundgebiet und der niedrigeren Thromboserate im späteren Verlauf.

Blutungskomplikationen

Der klassische Membranoxygenator für die Langzeitperfusion war die von Kolobow entwickelte Silikonmembranlunge. Zur CO_2-Elimination bei einem erwachsenen Patienten waren zwei hintereinander geschaltete Membranlungen mit einer Gesamtoberfläche von 7–9 m^2 notwendig. Im Gegensatz zu den neueren mikroporösen Hohlfasermembranlungen, die mit der Hälfte an Fremdoberfläche die gleiche Gasaustauschleistung erreichen [18], sind die soliden Silikonmembranlungen auch über einen Zeitraum von 30 Tagen ohne Störung der Gastransferrate verwendbar. Nachteilig ist der höhere Perfusionswiderstand und vor allem der hohe Bedarf an Antikoagulatien. Antikoagulations- und thrombozytopenisch oder hyperfibrinolytisch bedingte Blutungen führten früher bei 10% der Patienten zum Abbruch der Bypassbehandlung und meist deletären Folgen [8].

Die kovalente Bindung von Heparin an die mikroporösen Hohlfaserlungen und Schlauchsysteme [7], war der bedeutsamste Fortschritt in der Technik des Langzeitbypass. Der Einsatz dieses heparinisierten Materials konnte Blutungskomplikationen, den Blutbedarf und den Heparinverbrauch im Vergleich zur herkömmlichen Silikonmembranlunge signifikant senken [7]. Leider müssen die heparinisierten Hohlfasermembranlungen häufiger ausgetauscht werden, weil eine Plasmaleckage durch Änderung der physikochemischen Eigenschaften der Mikroporen oder eine Gasaustauschinsuffizienz durch Verstopfung der Mikroporen eintritt. Die Verkleinerung des Porendurchmesser und noch stärkere Heparinisierung führte neuerdings zu einer durchschnittlichen Lebensdauer von 5–7 Tagen.

Barotrauma

Die bei allen Patienten mit schwerstem ARDS vorausgegangene Beatmung mit hohem Druck und hohem Zugvolumina bewirkt bei 95% der eigenen Patienten eine oder mehrere Barotraumamanifestationen (Abb. 1). Die klinisch bedeutsamste Erscheinung des Barotrauma, der Pneumothorax, muß als Endpunkt eines dynamischen Prozesses aufgefaßt werden. Vom interstitiellen Emphysem ausgehend breitet sich die extraalveoläre Luft weiter aus zu Pneumatocelen, subpleuralen Zysten, Haut- oder Mediastenalemphysem oder eben zum Pneumatothorax. Das initial hohe PEEP-Niveau während der extrakorporalen CO$_2$-Elimination begünstigt diese Entwicklung. Trotz der hohen Inzidenz von Pneumothoraces bei den eigenen Patienten hatte dies keinen Einfluß auf die Überlebensrate [19], sorgfältigste Drainagebehandlung mit einer „Minithorakotomie" und ein speziell an die Situation der schwerkranken ARDS Patienten angepaßtes thoraxchirurgisches Operationskonzept [19] machen eine sichere Behandlung dieser Komplikationen möglich.

Insgesamt hat sich die extrakorporale CO$_2$-Elimination bei Patienten mit schwerstem ARDS als alternatives Behandlungskonzept zur mechanischen Ventilation und deren Folgen in verschiedenen Behandlungszentren, weltweit, bewährt. Obwohl zur Zeit keine kontrollierte Vergleichsuntersuchung zu konventionellen Respirator-„Behandlung" versus veno-venösem extrakorporalem Bypass mit dem heparinisierten System existiert, läßt sich aufgrund der 10jährigen Erfahrung mit dieser neuen Behandlung erwarten, daß damit die Überlebensrate dieser schwerst kranken, oft jugendlichen Patienten, verbessert werden kann. Voraussetzung für die erfolgreiche Behandlung mit dem veno-venösen Langzeitbypass ist das technische „know how" und die spezifische Erfahrung, die in den dafür eingerichteten Zentren vorhanden ist.

Literatur

1. Ashbough DG, Bigelow DB, Petty TL, Levine BE (1967) Acute respiratory distress in adults. Lancet ii: 319–323
2. Dorrington KL, Mc Rae KM, Gardaz JP, Dunhill MS, Sykes MK, Wilkinson AR (1989) A randomized comparison of total extracorporeal CO$_2$ removal with conventional mechanical ventilation in experimental hyaline membrane disease. Intensive Care Med 15: 184–191

3. Dreyfuss D, Soler P, Basset G, Saumann G (1988) High inflation pressure pulmonary edema. Respective effects of high airway pressure, high tidal volume and positive end-expiratory pressure. Am Rev Respir Dis 137: 1159–1164
4. European ARDS Collaborativ Working Group (1988) ARDS: clinical predictors, prognostic factors and outcome. Intensive Care Med 14 [Suppl 1]: 30
5. Gattioni L, Agostoni A, Pesenti A, Pelizzola A, Rossi GP, Langer M, Vesconi S, Uziel L, Fox U, Longoni F, Kolobow T, Damia G (1980) Treatment of acute respiratory failure with low-frequency positive-pressure ventilation and extracorporeal removal of CO_2. Lancet ii: 292–294
6. Gattinoni L, Pesenti A, Caspani ML, Pelizzola A, Mascheroni D, Marcolin R, Iapichino G, Langer M, Agostoni A, Kolobow T, Melrose DG, Damia G (1984) The role of total static lung comliance in the management of severe ARDS unresponsive to conventional treatment. Intensive Care Med 10: 121–126
7. Knoch M, Köllen B, Dietrich G, Müller E, Motthagy K, Lennartz H (1992) Progress in veno-venous long-term bypass techniques for the treatment of ARDS controlled clinical trial with the heparin coated bypass circuit. Int J Artif Organs 15: 103–108
8. Knoch M (1992) Extracorporale Kohlendioxydelimination. Ein neues Behandlungskonzept für Patienten mit schwerem Lungenversagen. Wissenschaftliche Verlagsabteilung Abbott GmbH, Wiesbaden
9. Kolobow T, Gattinoni L, Tomlinson T, Pierce JE (1978) An alternative to breathing. J Thorac Cardiovasc Surg 75: 261–266
10. Kolobow T, Moretti M, Fumagalli R, Mascheroni D, Prato P, Chen V, Joris M (1987) Severe impairment in lung function induced by high peak airway pressure during mechanical ventilation. Am Rev Respir Dis 135: 312–315
11. Mascheroni D, Kolobow T, Fumagalli R (1985) Respiratory failure following induced hyperventilation: an experimental study. Crit Care Med 13: 330–331
12. Morel DR, Dargent F, Bachmann M, Suter PM, Junod AF (1985) Pulmonary extraction of serotonin and proponalol in patients with ARDS. Am Rev Respir Dis 132: 479–484
13. Müller E, Kolobow T, Knoch M, Höltermann W (1992) Akutes Lungenversagen – Unterstützung des Gasaustausches mittels extrakorporaler oder implantierter Oxygenatoren. Gegenwärtiger Stand und zukünftige Entwicklung. Anästhesiol Intensivmed Notfallmed Schmerzther 27: 259–273
14. Murray JF, Matthay MA, Luce JM, Flick MR (1988) An expanded definition of the adult respiratory distress syndrome. Am Rev Respir Dis 138: 720–723
15. Pesenti A, Kolobow T, Buckhald DK (1982) Prevention of hyaline membran disease in premature lambs by apnoic oxygenation and extracorporeal carbon dioxide removal. Crit Care Med 8: 11–14
16. Rossaint R, Slama K, Falke KJ (1991) Therapie des akuten Lungenversagens. Dtsch Med Wochenschr 116: 1635–1639
17. Smith PEM, Gordon IJ (1986) An index to predict outcome in adult respiratory distress syndrome. Intensive Care Med 12: 86–89
18. Suchyta MR, Clemmer TP, Orne JF, Morris AH, Eliott CG (1991) Increased survival of ARDS patients with severe hypoxemia (ECMO criteria). Chest 99: 951–955

19. Wagner PK, Knoch M, Sangmeister C, Müller E, Lennartz H, Rothmund M (1991) Extracorporeal gas exchange in adult respiratory distress syndrome: associated morbidity and its surgical treatment. Br J Surg 77: 1395–1398
20. Zapol WM, Snider MT, Hill JD, Fallat RJ, Bartlett RH, Edmunds LH, Morris AH, Pierce EC, Thomas AN, Proctor HJ, Drinker PA, Pratt PC, Bagniewski A, Miller RG (1979) Extracorporeal membrane oxygenation in severe acute respiratory failure. A randomized prospective study. JAMA 242: 2193–2196

Korrespondenz: Priv. Doz. Dr. M. Knoch, Abteilung für Anästhesie und Intensivtherapie, Philipps-Universität Marburg, Baldingerstraße, DW-3550 Marburg, Bundesrepublik Deutschland

Hämofiltration bei ARDS

W. Druml und A. N. Laggner

Abteilung für Nephrologie und Abteilung für Notfallmedizin,
Medizinische Klinik III, Wien, Österreich

Bald nach der Einführung der kontinuierlichen Hämofiltration (CHF) durch Kramer [1] und wurde die Möglichkeit diskutiert, das durch dieses neuartige Therapieverfahren neben dem Ersatz der exkretorischen Nierenleistung auch andere Effekte erzielt werden können, die nicht durch die Elimination von Flüssigkeit oder der klassischen Retentionsparameter erklärt werden können. Das durch seine Plausbilität bestechende Konzept „nicht-renaler" Indikationen für die CHF wurde insbesondere für die Behandlung des nicht-kardiogenen Lungenödemes bzw. des „adult respiratory distress syndromes" (ARDS) diskutiert und in zahlreichen nicht-kontrollierten Studien propagiert [2, 3, Übersicht 4].

In unserem Diskussionsbeitrag soll eine kritische Wertung vorliegender Ergebnisse erfolgen und insbesondere Mechanismen der Flüssigkeitselimination aus der Lunge, die Elimination von Mediatoren durch die CHF und mögliche Nachteile dieses therapeutischen Verfahrens analysiert werden.

CHF und extravaskuläre Lungenwasser

Einfluß einer negativen Flüssigkeitsbilanz

Die CHF wurde ursprünglich zur Behandlung des kardiogenen Lungenödems in die Klinik eingeführt [1]. Durch diese Maßnahme lassen sich der linksventrikuläre Füllungsdruck, der Pulmonalisdruck, der zentrale Venendruck vermindern, während das Herzminutenvolumen und der arterielle Blutdruck unverändert bleiben bzw. sogar ansteigen. Radiologisch und durch die Doppelindikator-Bestimmungsmethode läßt sich eine Reduktion des Lungenwassergehaltes nachweisen [5]. Für diesen Effekt ist jedoch keineswegs nur die Reduktion des zirkulierenden Blutvolumens bzw. die Erniedrigung des intravasalen hydrostatischen Druckes verantwortlich zu machen. Ganz wesentlich beruht dies auf einem Anstieg des kolloidosmotischen Druckes (KOD), der durch die während der Ultrafiltration auftretenden Hämokonzentration verursacht wird. Nach dem Starling schen Gesetz ist dieser Effekt des KOD an das Vorliegen einer intakten Kappilarmembran gebunden, an der sich kolloidosmotischer Gradient aufbauen kann [4].

Wie frühe Arbeiten von Brigham [6] eindrücklich gezeigt haben, führt eine quantitativ gleiche intravasale Drucksteigerung bei Vorliegen einer erhöhten endothelialen Permeabilität zu einem verstärkten Austritt von Flüssigkeit ins Interstitium als bei einer intakten Endothelialmembran. Daraus folgt, daß beim ARDS jede Hypervolämie zu einem überproportionalen Anstieg des Lungenwassergehaltes führen wird.

Der Umkehrschluß aus dieser Beobachtung, nämlich daß eine Erniedrigung des hydrostatischen Druckes bzw. eine Hypovolämie bei Vorliegen eines Permeabilitätsödemes zu einer Verminderung des interstitiellen Lungenflüssigkeit führt, ist nicht zulässig. Eine derartige Maßnahme führt nur proportional zur Reduktion des Extrazellulärvolumens zu einer – quantitativ eher geringen – Abnahme des Lungenwassergehaltes.

Daneben muß beachtet werden, daß eine Volumenreduktion beim ARDS nicht unbedingt zu einer Verminderung der Drucke im kleinen Kreislauf führt. Eines der pathophysiologischen Charakteristika des ARDS ist die pulmonale Hypertension, die unabhängig vom Volumenstatus durch verstärkte Wirkung vaso-pressorischer Substanzen (Endothelin, Thromboxan etc.) und Verminderung des vasodilatatorischen Potentiales (L-ARG-NO, Prostacyclin etc.) bedingt ist. Eine pharmakologische Senkung des Pulmonalisdruckes durch Nitrate, Nitroporussid, Prostaglandine vermag dagegen die extravasale Flüssigkeitsakkumulation zu reduzieren [4, 7].

Zusätzlich muß betont werden, daß weder zwischen dem linksventrikulären Füllungsdruck (PAWP), dem kolloid-osmotischen Druck (KOD), noch zwischen der Differenz KOD-PAWP und dem Lungenwassergehalt eine Korrelation besteht [8]. Als Beispiel soll eine Fallbeobachtung dienen, bei dem eine massiver Flüssigkeitsentzug von mehr als 10.000 ml innerhalb 12 Stunden trotz initial weitgehend normalem Flüssigkeitsstatus zu keiner Änderung des Lungenwassers geführt hat (Abb. 1). Eine Senkung des PAWP hatte auch im Tierexperiment keinen Einfluß auf den Lungenwassergehalt bei einem Permeabilitätsödem [9].

Der wesentliche Mechanismus des Effektes einer Ultrafiltration auf den Lungenwassergehalt bei kardialem Lungenödem, der filtrationsbedingte Anstieg des KOD, kann bei einem Permeabilitätsödem nicht zur Wirkung kommen, da definitionsgemäß ein Ausgleich des intravasalen und interstitiellen KOD (lokal nur in der Lunge bzw. generalisiert) eintritt. Auf eine Erhöhung des KOD ausgerichtete therapeuti-

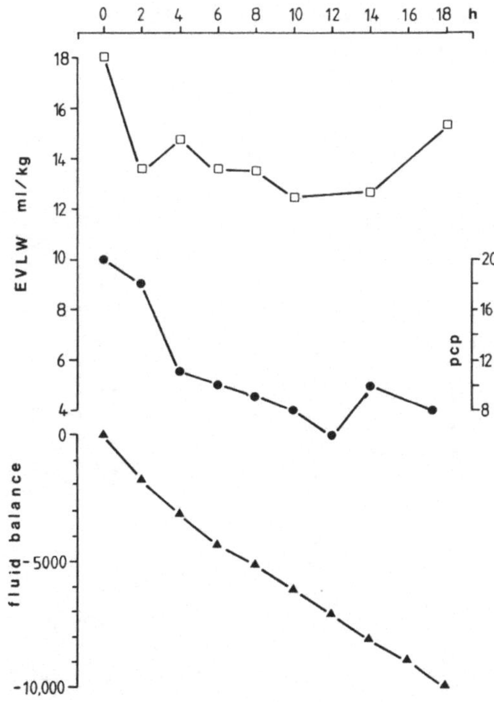

Abb. 1. Fallbespiel: Verlauf des pulmonalkapillärem Verschlußdurckes *(pcp)*, des extravaskulären Lungenwassergehaltes *(EVLW)* unter einer Ultrafiltrationstherapie bei einem Patienten mit ARDS

sche Maßnahmen (Ultrafiltration, Diurese, Albumin-Infusion) können in der betroffenen Gefäßregion keine Mobilisierung interstitieller Flüssigkeit bewirken [8].

In einer Untersuchung an 10 Patienten mit Permeabilitätsödem haben wir den Einfluß einer Hämofiltration/Ultrafiltration auf den Lungenwassergehalt untersucht [10]. Trotz initial z.T. erhöhter PCWP und ausgeprägt negativer Flüssigkeitsbilanz während der Therapie ließ sich kein einheitlicher Effekt auf die interstitielle Flüssigkeitsansammlung nachweisen (Abb. 2).

Aus diesen Untersuchungen läßt sich ableiten, daß bei Vorliegen eines ARDS die Ausbildung einer Hypervolämie vermieden werden muß. Liegt eine Volumenüberladung vor, sollte eine Flüssigkeitselimination angestrebt werden. Wenn dies – wie häufig der Fall – über eine Diuresesteigerung nicht möglich ist, bietet sich die CHF an. Bei einem ausgeglichenen Volumenstatus führt eine weitere Reduktion des Extrazellulär-Volumens zu keiner relevanten Mobilisierung von Flüssigkeit aus dem Lungeninterstitium.

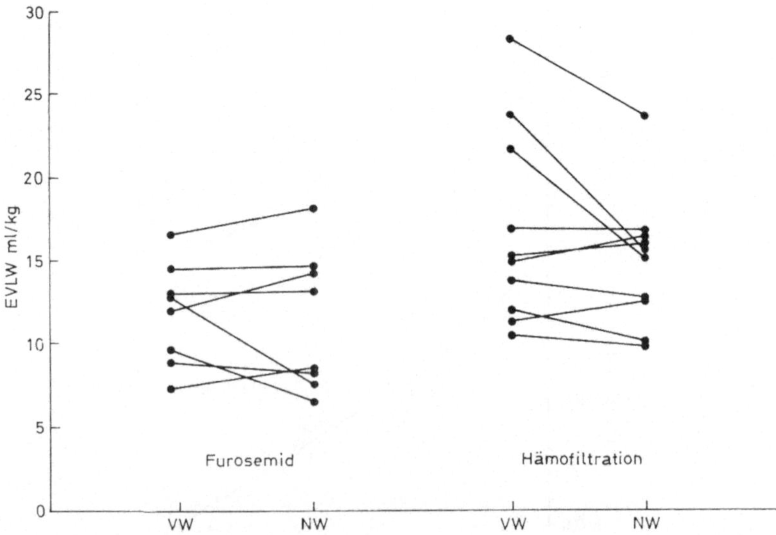

Abb. 2. Verlauf des extravaskulären Lungenwassergehaltes *(EVLW)* bei Patienten mit ARDS: Vergleich der Wirkung einer Diuresesteigerung mit Furosemid mit einer Ultrafiltrationstherapie

Einfluß einer isovolämischen CHF

Hat nun eine isovolämische CHF, also ein Therapieverfahren, das zu keiner Änderung der Flüssigkeitsbilanz führt, einen Einfluß auf das Ausmaß eines Lungenödems bei ARDS? In zahlreichen klinischen Studien wurde rein retrospektiv der EinluB einer CHF auf den Verlauf des ARDS untersucht [Beispiele 11, 12]. Durch die fehlenden Kontrollgruppen ist eine objektive Bewertung der CHF durch diese Untersuchungen nicht möglich. Bei jenen Patienten aus oben angeführter eigener Untersuchung [10], in denen eine CHF über mehrere Tage ohne Änderung des Volumenstatus durchgeführt wurde, war kein Einfluß auf den Lungenwassergehalt festzustellen.

Zu dieser Fragestellung wurden verschiedene experimentelle Untersuchungen vorgelegt, die allerdings alle wegen der kurzen Therapiedauer von wenigen Stunden eine eingeschränkte Übertragbarkeit auf die klinsiche Situation haben. Beispielsweise haben Sznajder et al. [9] keinen Einfluß einer 5stündigen CHF auf den Lungenwassergehalt bei HCl-induziertem Lungenversagen beim Hund gefunden. Ähnlicherweise konnten auch Stein et al. [13] bei Endotoxin-infundierten Schweinen während einer 4stündigen CHF keine Verminderung des extravaskulären Lungenwassers nachweisen. Durch die CHF konnten allerdings die mechanischen Eigenschaften der geschädigten Lunge, die Compliance verbessert werden und ein höherer Anteil der mit CHF behandelten Tiere hat das Experiment überlebt.

Elimination von schädigenden Substanzen/Mediatoren durch CHF

Entscheidend für die Beurteilung von „nicht-renalen" Indikationen für die CHF ist die Frage, ob durch dieses Verfahren Substanzen eliminiert werden, die für die Pathophysiolgie des ARDS (bzw. einer Sepsis) von Bedeutung sind.

Coraim et al. [3] hatten schon früh postuliert, daß durch die CHF der „myocardial depressant factor" (MDF) bzw. auch andere Substanzen eliminiert werden, die zu einer Besserung des Gasaustausches und der Hämodynamik nach Herzoperationen führen. Die von dieser Gruppe beobachteten klinischen Wirkungen der CHF ließen sich allerdings zwanglos durch die in den ersten postoperativen Stunden erzielte Negativierung der Flüssigkeitsbilanz erklären. Bislang ist es keiner weiteren Arbeitsgruppe gelungen, diese Beobachtung einer MDF-Elimination zu verfizieren.

Für das Schicksal von Proteinen bzw. Protein-Bruchstücken, Cytokinen, Endotoxin etc. während einer CHF bestehen mehrere Möglichkeiten (Tabelle 1). Neben der Filtration kann es zur Adsorption, zur Inaktivierung, aber auch zur Freisetzung bzw. Aktivierung von verschiedenen Substanzen kommen.

Eine pathophysiologisch relevante Elimination durch Filtration während der CHF ist eher unwahrscheinlich. Die vielfach behauptete Elimination von TNF findet nicht statt, da dieser Faktor als Trimer vorkommt, dessen Molekülgröße eine Filtration nicht zuläßt [14]. Selbst wenn man annimmt, daß eine Filtration von Mediatoren stattfindet, so ist deren pathophysiolgische Bedeutung fraglich. Beispielsweise werden Katecholamine ebenfalls filtriert. Dies zeitigt allerdings keinerlei Auswirkungen auf den Kreislauf, den Katecholaminbedarf der Patienten [15]. Für Moleküle mit hoher Produktionsrate und kurzer Halbwertszeit (hoher Turnover) hat bei der Höhe der endogenen Clearance die exogene, CHF-bedingte Clearance keine relevante Bedeutung. So wurde für die Interleukine IL-1, IL-6 und IL-8 ist zwar eine Elimination nachgewiesen, die entfernte Menge ist allerdings unbedeutend.

Möglicherweise bedeutender sind die adsorptiven Eigenschaften verschiedener Membranen. Für Endotoxine ist eine Adsorption an der Hämofiltermembran nachgewiesen. Allerdings wird die Membran innerhalb weniger Stunden gesättigt, sodaß zur therapeutischen Nutzung dieses Effektes der Filter regelmäßig gewechselt werden müßte. Für die adsorptiven Funktionen, die auch für TNF und Interleukine nachgewiesen wurden, ist also die zeitliche Komponente (Therapiedauer) eine wesentliche Determinante.

Tabelle 1. Cytokine und kontinuierliche Hämofiltration (beachte Einfluß der Behandlungsdauer)

1. Filtration
2. Adsorption
3. Rezeptor-Sättigung
4. Aktivierung
5. Freisetzung

Will man eine mögliche Elimination von Peptiden, Peptidbruch-stücken, Mediatoren etc. während einer CHF beurteilen, sollte man sich bewußt sein, daß die Niere eines der wichtigsten und effektivsten Organe in der Elimination und Katabolismus von verschiedensten Peptiden darstellt. Die Extraktion und Clearance dieses „endogenen" System ist wesentlich höher, als jene einer CHF.

Für eine relevante Elimination von Mediatoren sprechen allerdings verschiedene experimentelle Untersuchungen: Eine CHF hat zu einer Verbesserung der Hämodynamik bzw. myokardialen Kontraktilität bei septischen Hunden [16] bzw. bei endotoxin-infundierten Schwei-nen [17] geführt. Die schon zitierte Besserung der pulmonalen Com-pliance durch die CHF im Endotoxin-Schock beim Schwein spricht ebenfalls für die Elimination von Endotoxin (Adsorption?) oder von Mediatoren [13].

Mögliche Nachteile einer CHF

1. Verminderung des DO_2 (Abb. 3): Die häufig empfohlene kontrol-lierte Hypovolämie induziert durch CHF führt zu einem Abfall der Sauerstofftransportkapazität (DO_2). Damit können regionale Ischä-mien verstärkt und Organfunktionsstörungen ausgelöst werden. Dies widerspricht daher dem modernen Konzept der Behandlung des MODS bzw. ARDS, mit dem – wegen der pathologischen Abhängig-keit von Sauerstoffaufnahme (VO_2) und DO_2 – eine Optimierung des Sauerstofftransportes angestrebt wird.

2. Bioinkompatibilität: Wie jedes extrakorporale Therapieverfah-ren führt auch die CHF zu verschiedenen Phänomenen der Bioinkom-patibilität. Wenn auch die Komplementaktivierung durch die meisten für eine CHF verwendeten Membranen gering ist, so werden doch sowohl zelluläre (Thrombocyten, Neutrophile, Monocyten) als auch plasmatische Systeme (Kontakt-System, Gerinnung, Kinine) aktiviert. Die von verschiedenen Autoren beobachteten negativen Effekte einer CHF werden durch diese Bioinkompatibilität erklärt [9].

Wie die Arbeitsgruppe von Bergström [18] eindrucksvoll am Beispiel der Hämodialyse demonstriert hat, führt ein extrakorporales Therapieverfahren zu einer Aktivierung des Proteinkatabolismus, ein Effekt, der durch die Aktivierung von TNF und Interleukinen erklärt wird. Jedes extrakorporale Therapieverfahren induziert eine „chroni-sche Entzündungsreaktion".

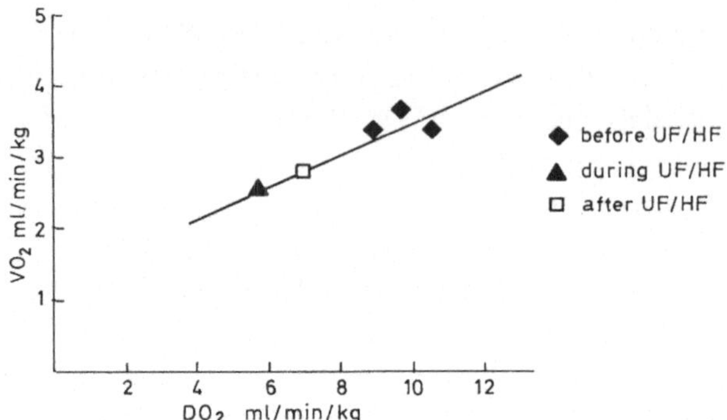

Abb. 3. Verlauf des Sauerstoffangebotes (DO$_2$) unter einer massiven Ultrafiltration bei einem Patienten mit ARDS (siehe auch Abb. 1)

3. Wärmeverlust/Hypothermie: Während einer 24tstündigen CHF kann ein Wärmeverlust im extrakorporalen Kreislauf von bis zu 1000 kcal auftreten. Diese extrakorporale Kühlung wird allerdings von einigen Arbeitsgruppen als günstiger Nebeneffekt der CHF angesehen.

4. Metabolische Effekte der Dauerantikoagulierung, mögliche Komplikationen der Infusion großer Mengen organischer Anionen (Laktat, Azetat) etc. sollen hier nicht weiter diskutiert werden.

Schlußbemerkung

Aus den diskutierten Ergebnissen verschiedenster experimenteller und klinischer Studien läßt sich ableiten, daß bei Patienten mit ARDS jede Hypervolämie zu einer überproportionalen Flüssigkeitsansammlung in geschädigten Gefäßbezirken führen wird. Eine therapeutisch induzierte Hypovolämie hat dagegen keinen voraussagbaren, proportionalen Einfluß auf die Druckwerte im kleinen Kreislauf bzw. das extravaskuläre Lungenwasser. Bei jedem Patienten mit einer Hypervolämie sollte daher eine negative Flüssigkeitsbilanz angestrebt werden. Dies kann bei erhaltener Nierenfunktion durch den Einsatz von Diuretika, in vielen Fällen aber nur durch eine CHF erreicht werden.

Bislang gibt es keine Beweise dafür, daß eine isovolämische CHF, d.h. eine Therapie ohne jeden Einfluß auf die Flüssigkeitsbilanz bei erhaltener Nierenfunktion bei Patienten mit ARDS zu einer Verbesserung des pulmonalen Gasaustausches, zu einer Änderung des Verlaufes des ARDS bzw. einer Verbesserung der Prognose der Patienten führt. Die einzige bisher durchgeführte randomisierte Untersuchung hat keinerlei günstigen Einfluß einer CHF bei ARDS identifizieren können [19]. Die CHF stellt also kein etabliertes Behandlungsverfahren des ARDS dar.

Ebensowenig konnte eindeutig gezeigt werden, daß über eine CHF für die Pathophysiologie des ARDS bzw. eines septischen Syndromes wesentliche Faktoren in relevanter Menge über den Filter ausgeschieden werden. Die adsorptiven Eigenschaften künstlicher Membranen, insbesondere für Endotoxin, sind noch zu wenig untersucht.

Es kann allerdings keinen Zweifel daran geben, daß bei einem Patienten mit ARDS, der – wie so häufig – zusätzlich eine Einschränkung der Nierenfunktion aufweist, kontinuierliche Eliminationsverfahren das extrakorporale Therpieverfahren der Wahl darstellt.

Literatur

1. Kramer PJ, Wigger W, Rieger J (1977) Arteriovenous hemofiltration. A new simple method for treatment of overhydrated patients resistant to diuretics. Klin Wochenschr 55: 1121–1125
2. Gotloib L, Barzilay E, Shustak A, Lev A (1984) Sequential hemofiltration in nonuliguric high capillary permeability pulmonary edema of severe sepsis: preliminary report. Crit Care Med 12: 997–1000
3. Coraim FJ, Coraim HP, Ebermann R, Stellwag FM (1986) Acute respiratory failure after cardiac sugery: clinical experience with continuous arteriovenous hemofiltration. Crit Care Med 14: 714–718
4. Druml W, Laggner AN, Lenz K (1989) Hämofiltration bei akutem Lungenversagen. Akt Intensivmed 7: 52–62
5. Laggner AN (1987) Lungenwasserbestimmung zur Quantifizierung des Lungenödemes. Akt Intensivmed 5: 1–102
6. Brigham KL, Woolverton W, Blake L, Staub NC (1974) Increased sheep lung vascular permeability. J Clin Invest 54: 792–797
7. Allen SJ, Drake RE, Katz J, Gabel JC, Laine GA (1987) Lowered pulmonary arterial pressure prevents edema after endotoxin in sheep. J Appl Physiol 63: 1008–1011
8. Feeley TW, Mihm FG, Halperin BD, Rosenthal MH (1985) Failure of the colloid-pulmonary artery wedge pressure gradient to predict changes in extravascular lung water. Crit Care Med 13: 1025–1028
9. Sznajder JI, Zucker AR, Wood LDH, Long GR (1986) The effects of plasmapheresis and hemofiltration on canine acid aspiration pulmonary edema. Am Rev Respir Dis 134: 222–228
10. Laggner AN, Lenz K, Grimm G, Sommer G, Gössinger H (1997) Hämofiltration zur Reduktion des Lungenwassers bei ARDS. Schweiz Med Wochenschr 117: 445–449

11. Goitlob L, Barzilay E, Shustak A, Wais Z, Jaichenko J, Lev A (1986) Hemofiltration in septic ARDS. The artificial kidney as an artificial endocrine lung. Resuscitation13: 123–132
12. Bagshaw ONT, Anaes FRC, Hutchinson A (1992) Continuous arteriovenous haemofiltration and respiratory function in multiple organ systems failure. Intensive Care Med 18: 334–338
13. Stein B, Pfenninger E, Grünert A, Schmitz JE, Deller A, Kocher F (1992) The consequences of continuous hemofiltration on lung mechanics and extravascular lung water in a porcine endotoxic shock model. Intensive Care Med 17: 293–298
14. Bellomo R, Tipping P, Boyce N (1991) Tumor necrosis factor clearance during veno-venous hemodiafiltration in the critically ill. Trans Am Soc Intern Organs 37: 322–323
15. Bellomo R, McGrath B, Boyce N (1991) In vivo catecholamine extraction during continuous hemodiafiltration in inotrope-dependent patients. Trans Am Soc Intern Organs 37: 324–325
16. Gomez A, Wang R, Unruh H, Light RB, Bose D, Chau T, Correa E, Mink S (1990) Hemofiltration reverses left ventricular dysfunction during sepsis in dogs. Anesthesiology 73: 671–685
17. Grootendorst AF, van Bommel EFH, van der Hoven B, van Leengoed LAMG, van Osta GALM (1992) High-volume hemofiltration improves hemodynamics of endotoxin-induced shock in the pig. J Crit Care 7: 67–75
18. Gutierrez A, Alvestrand A, Bergström J (1992) Membrane selection and muscle protein catabolism. Kidney Int 4 [Suppl 38]: S86–S90
19. Cosentino F, Paganini E, Lockrem J, Stoller J (1991) Continuous arteriovenous hemofiltration in the adult respiratory distress syndrome. A randomiued trial. In: Sieberth HG, Mann H, Stummvoll HK (eds) Continuous hemofiltration. Contrib Nephrol 93: 94–97

Korrespondenz: Prof. Dr. W. Druml, Abteilung für Nephrologie, Medizinische Klinik III, Währinger Gürtel 18–20, A-1090 Wien, Österreich

Indikationen und Patientenselektion zur Lungentransplantation – Update 1993

O. C. Burghuber[1], W. Klepetko[2]
und die **Vienna Lung Transplant Group**

[1] Klinische Abteilung für Pulmologie, Universitätsklinik für Innere Medizin IV und
[2] II. Chirurgische Universitätsklinik, Wien, Österreich

Einleitung

Während der letzten zehn Jahre ist die Zahl an uni- und bilateralen Lungentransplantationen, die bei Patienten im Endstadium verschiedener pulmonaler Erkrankungen weltweit durchgeführt wurden, exponentiell gestiegen [1, 2]. Die dabei erzielten Fortschritte haben in sehr kurzer Zeit zu hohen Ein-, Zwei- und Drei-Jahres-Überlebensraten geführt [3].

Der Erfolg der Lungentransplantation hängt zu einem großen Teil von einer optimalen Patientenselektion ab. Mit der Zunahme an potentiellen Empfängern und der sicher auch in Zukunft limitierten Zahl an Organspendern kommt der Selektion jener Patienten, die von einer Lungentransplantation am meisten profitieren, ein besonders wichtiger Stellenwert zu. Entsprechend dieser Aufgabe haben wir, wie alle Lungentransplantationszentren in den USA und in Europa, ein intensives präoperatives Evaluierungsprogramm entsprechend den Vorgaben und Erfahrungen vor allem der „ Toronto-Lung-Transplant-Group" [4] aufgebaut, um einheitliche Selektionskriterien zu erarbeiten.

Es muß dabei betont werden, daß sich innerhalb weniger Monate verschiedene Korrekturen in der Indikationsstellung und Operationsform ergeben haben und entsprechend der dynamischen Entwicklung auf diesem Gebiet auch in Zukunft Veränderungen zu erwarten sein werden.

Indikationen für die Lungentransplantation (Tabelle 1)

Generell besteht dann eine Indikation für eine Lungentransplantation, wenn ein Endstadium einer benignen Lungenerkrankung nach Ausschöpfung aller medikamentösen Möglichkeiten oder ein fortgeschrittenes Stadium mit progredientem Verlauf trotz maximaler medikamentöser Therapie vorliegt. Gleichzeitig sollten beste Voraussetzungen für ein Langzeitüberleben nach Transplantation und die Kapazität

Tabelle 1. Selektionskriterien

- Schwere obstruktive oder restriktive Lungenerkrankung oder schwere pulmonale Hypertension
- Medikamentöse Therapie inneffektiv oder nicht verfügbar
- Relevante Einschränkung täglicher, basalerAktivitäten
- Eingeschränkte Lebenserwartung (< 2 Jahre)
- Nicht bettlägrig mit potentieller Fähigkeit zur Rehabilitation
- Normale Linksherzfunktion und Ausschluß einer koronaren Herzkrankheit
- Akzeptabler Ernährungsstatus
- Keine Abhängigkeit und ausreichender psychosozialer Background

Tabelle 2. Kontraindikationen zur Lungentransplantation

- Aktive pulmonale oder extrapulmonale Infektion
- Systemische Erkrankung mit nicht pulmonaler Organbeteiligung
- Signifikante koronare Herzkrankheit oder eingeschränkte Linksventrikelfunktion
- Signifikante Leber oder Nierenerkrankung
- Orale Cortisonbedürftigkeit (hohe Dosen)
- Weiterer Nikotinabusus
- Signifikante psychosoziale Probleme, Drogen oder Alkoholabusus oder nicht ausreichende Patientencompliance

zur vollständigen Rehabilitation gegeben sein. Die wesentlichste Veränderung in der sonst stringent gehandhabten Patientenselektion in den letzten Jahren ist die großzügigere Akzeptanz von Patienten, die unter Cortisonmedikation stehen. Während früher vorallem wegen der negativen Effekte des Cortison auf die Einheilung von Bronchusanastomosen und dem damit verbundenen erhöhten Risiko für Dehiszenzen nur Patienten transplantiert wurden, die frei von Cortison waren, wird heute eine Cortisondosis um die Cushing-Schwelle akzeptiert.

Kontraindikationen für die Lungentransplantation (Tabelle 2)

Es besteht weitgehende Übereinstimmung hinsichtlich bestimmter Risikofaktoren, die die Mortalität und Morbidität nach Lungentransplantation deutlich erhöhen und demnach als Kontraindikation für die Lungentransplantation aufgefaßt werden [5]. Neben den in der Tabelle 2 angeführten Kontraindikationen werden Patienten die einer Respiratortherapie bedürfen nicht als Transplantationskandidaten betrachtet, da eine objektive Evaluierung unmöglich ist, das Auftreten schwer beherrschbarer Infektionen deutlich höher ist [6], und vor allem die bislang erzielten Ergebnisse deutlich schlechter sind. Ausgenommen von dieser Regelung sind jedoch jene Patienten, die zu einem früheren Zeitpunkt für eine Lungentransplantation evaluiert und dafür akzeptiert worden sind.

Der richtige Zeitpunkt für die Lungentransplantation

Neben der genauen Selektion der Patienten ist auch der optimale Zeitpunkt für eine Transplantation besonders schwierig. Theoretisch ist der optimale Zeitpunkt für eine Lungentransplantation dann gegeben, wenn der Patient „krank genug" ist, um eine Lungentransplantation zu benötigen, jedoch noch „gesund genug" ist, um die besten Chancen auf Erfolg zu haben. Diese relativ kurze Zeitspanne, die auch als „Transplantationsfenster" [8] bezeichnet wird, ist nur sehr schwer exakt zu bestimmen. Zunächst muß der natürliche Verlauf der zugrundeliegenden Erkrankung berücksichtigt werden, der bei gewissen Erkrankungen relativ gut (idiopathische Lungenfibrose), bei anderen jedoch extrem schlecht (COPD) vorausgesagt werden kann. Eine gewisse Hilfe ist dabei die bei einem individuellen Patienten über die Zeit beobachtete Progressionstendenz der pulmonalen Erkrankung.

Einschneidende, klinisch faßbare Ereignisse (z.B. passagere Respiratorpflichtigkeit bei Patienten mit COPD, Synkopen bei primär pulmonaler Hypertension, häufige Episoden von Infektionen oder Hämoptysen) erleichtern die Feststellung einer Progression und damit auch die Festlegung des optimalen Zeitpunkts für die Lungentransplantation.

Der funktionelle Status, Änderungen der Leistungsfähigkeit über die Zeit, die Häufigkeit notwendiger Spitalsaufenthalte und Sauerstoffpflichtigkeit stellen weitere Entscheidungshilfen dar.

Wahl der richtigen Transplantationsform (Herz-Lungentransplantation, einseitige oder bilaterale Lungentransplantation)

Die erfolgreiche Indikationserweiterung der einseitigen Lungentransplantation für Patienten mit obstruktiven und pulmonal vaskulären Erkrankungen und die Entwicklung der bilateralen, sequentiellen Form der beidseitigen Lungentransplantation [9] haben die Wahl der richtigen Transplantationsform bzw. das optimale Verfahren für Patienten mit End Stage Lungenerkrankungen diversifiziert. Ein dogmatisches Vorgehen ist in einem derartig schnell sich entwickelndem Gebiet nicht gerechtfertigt, doch sollen einige Entwicklungen der letzten Zeit hinsichtlich richtiger Operationswahl kurz besprochen werden. Die zunehmende Zahl an potentiellen Organempfängern auf diversen Wartelisten weltweit bei gleichbleibendem Organaufkommen diktiert eine ökonomisch Vorgangsweise bei der Wahl der Operationsform.

Die Indikation zur kombinierten *Herz-Lungentransplantation* ist demnach nur noch für jene seltenen Erkrankungen reserviert, welche die Transplantation beider Organe unabdingbar notwendig machen (z.B. Eisenmenger Syndrom mit irreparablen intrakardialen Defekt, kongestive Cardiomyopathie mit sekundärer irreversibler pulmonaler Hypertension, und Lungenerkrankung im Endstadium mit gleichzeitiger schwerer Herzerkrankung). Eine primäre oder sekundäre Hypertension mit schwerem cor pulmonale stellt meist keine Indikation zur kombinierten Herz-Lungentransplantation dar, nachdem wir heute wissen, daß sich nach Wegfall einer pulmonalen Hypertension der rechte Ventrikel meist vollständig erholt, unabhängig von der präoperativen Ausgangssituation.

Bilaterale vs. einseitige Lungentransplantation für chronisch obstruktive Lungenkrankheiten

Die bilaterale Lungentransplantation ist notwendig für Patienten mit entzündlichen pulmonalen Erkrankungen im Endstadium (z.B. cystischer Fibrose (Mukoviszidose) bzw. andere Formen generalisierter entzündlicher Bronchiektasien). Zudem sollte diese Methode für jene Patienten mit COPD in Erwägung gezogen werden, bei denen eine signifikante, rezidivierende eitrige Bronchitis anamnestisch erhoben werden kann. Die bilaterale Lungentransplantation wäre zudem günstiger bei jenen COPD Patienten mit extensiven Bullae in beiden Lungen, um die Gefahr eines Pneumothorax zu verhindern; oder wenn das Größenmatching zwischen Spender und Empfänger für die einseitige Lungentransplantation nicht optimal ist (bei Vorhandensein von kleinen Spenderorganen und großen Patienten mit COPD), sodaß eine bilaterale Lungentransplantation (unter Verwendung kleinerer Spenderorgane) notwendig wird. Die bilaterale Lungentransplantation ist jedoch nicht für alle Patienten mit COPD oder Emphysem notwendig, nachdem gute Resultate auch mit der einseitigen Lungentransplantation erzielt worden sind.

Auf Grund des Gesagten wird evident, daß die optimale Operationsform für Patienten mit scherer obstruktiver Lungenerkrankung (einseitige oder bilaterale Lungentransplantation) bis heute nicht klar definiert ist, nachdem die bisher publizierten Daten keine definitive Konklusion zulassen. Nur durch Vergleiche von Komplikationsraten, Überlebensstatistik, und physiologische Ergebnisse (Leistungsfähigkeit, Dyspnoe Score, Lungenfunktion etc.) wird es in Zukunft möglich sein, eine definitve Antwort zu erhalten. In der Zwischenzeit ist es entsprechend den guten Erfahrungen gerechtfertigt, die einseitige Lungentransplantation großzügiger bei Patienten mit COPD einzusetzen. Der größte Vorteil der einseitigen gegenüber der bilateralen Lungentransplantation ist die Möglichkeit eine größere Zahl an wartenden Empfängern mit den vorhandenen Organen zu versorgen. Der wesentliche Nachteil der einseitigen Lungentransplantation bei Patienten mit COPD liegt in der Ventilations-Perfusionsimbalance zwischen Eigenlunge und Transplantat, welche bei Komplikationen (z.B. Abstoßung, Infektion) im Transplantat zu schwerwiegenden Gasaustauschstörungen führen kann.

Die *einseitige Lungentransplantation* bleibt die Methode der Wahl bei restriktiven, fibrotischen Lungenkrankheiten im Endstadium, außer spezielle zusätzliche Überlegungen schließen diese Form der Operation

aus (z.B. sekundäre signifikante bakterielle Entzündung). Die einseitige Lungentransplantation ist zudem auch bei Patienten mit schwerer
pulmonaler Hypertension (z.B. primär pulmonaler Hypetension,
Eisenmenger's Syndrom mit korrigierbarem intrakardialem Defekt)
erfolgreich eingesetzt worden, wobei dies derzeit die schwierigste Form
der Transplantation darstellt und das aufwendigste postoperative Management verlangt. Fast das gesamte Herzminutenvolumen geht
präferentiell in das Transplantat, was häufig zu dem gefürchteten
Reperfusionsödem führt. Zudem ist in der perioperativen Phase sowohl
die Hämodynamik als auch der Gasaustausch extrem labil, sodaß
minimale Komplikationen im Transplantat lebensbedrohliche Gasaustauschstörungen induzieren können. Daher haben verschiedene Trans-
plantationszentren die einseitige Lungentransplantation bei Patienten
mit schwerer pulmonaler Hypertension verlassen und die bilaterale
Transplantation erfolgreich in dieser Indikation einführen können.

Patientenzuweisung zur Lungentransplantation in Wien (1989–1992)

Die Evaluierung und Selektion von Patienten, die für eine Lungentransplantation vorgesehen sind, erfolgt derzeit während eines zweiwöchi-
gen stationären Aufenthaltes an der Klinischen Abteilung für Pulmologie, Univ. Klinik für Innere Medizin IV. Von September 1989 bis
Dezember 1992 haben wir bislang über 100 Patienten, die uns aus ganz
Österreich und dem Ausland zugewiesen worden sind, hinsichtlich der
Möglichkeit einer Lungentransplantation evaluiert. Davon mußten
etwa 35% abgelehnt werden. Etwa 65% wurden akzeptiert und auf die
Transplantationsliste genommen. Von diesen zur Transplantation ak-
zeptierten Patienten sind 10 (davon 7 mit idiopathischer interstitieller
Lungenfibrose) auf der Warteliste verstorben bevor ein geeignetes
Organ zur Verfügung stand, während die anderen Patienten transplan-
tiert werden konnten. 12 Patienten stehen gegenwärtig auf der Transplantationsliste und warten auf ein Organ.

Präoperative stationäre Evaluierung, Selektion und Rehabilitation

Die während der stationären Evaluierung obligat geforderten Untersuchungen zur Festlegung, ob ein Patient als Transplantationskandidat

nach den oben festgelegten Kriterien akzeptiert wird, bzw. welche Operationsform zur Anwendung kommen soll, sind in Tabelle 3 dargestellt. Von besonderer Wichtigkeit sind dabei die Bestimmung der Blutgruppe, des CMV Status, der Thoraxmaße zum adäquaten Matching mit dem Spenderorgan, die pulmonale und kardiale Funktion, sowie die Leistungsfähigkeit.

Wenn ein Patient für eine Lungentransplantation akzeptiert worden ist, beginnt bereits während des stationären Aufenthaltes ein standardisiertes Trainings- und Rehabilitationsprogramm. Neben dem Erlernen verschiedener Atemtechniken und einer psychologischen Betreuung wird der Patient einem aeroben Ausdauertraining am Fahrrad unterzogen. Die meisten Patienten benötigen dabei Sauerstoff (2–4 l/min via Nasenbrille). Durch Pulsoximetrie wird die Sauerstoffsättigung kontinuierlich kontrolliert, wobei eine Desatturation unter 90% vermieden wird. Dadurch kann die funktionelle Kapazität der meisten Transplantationskandidaten signifikant verbessert werden. Gezielte Muskelübungen runden das Trainingsprogramm ab, welches zum Ziel hat, den Patienten in optimaler physischer Verfassung zur Lungentransplantation zu bringen. Die Patienten werden daher auch angehalten, die stationär erlernten und praktizierten Übungen auch zu Hause regelmäßig fortzuführen.

Tabelle 3. Präoperative Evaluierung

Bluttests:	Blutbild, Serumchemie, Blutgruppe, Virologie (CMV)
Focussuche:	Zahnstatus, NNH Röntgen,
Andere Untersuchungen:	Carotis Duplex, Gastroskopie, US Abdomen, Nierenscan
Ernährungsprofil:	Kalorien, Hauffaltenmessung, EW/Albumin
Psychosoziales Screening:	Angst, Coping, Depression, soziales Umfeld
Anthropometrische Daten:	oberer und unterer Thoraxdurchmesser, acromeo-clavicular Abstand, jugulo-xyphoid Abstand
Pulmonal:	Lungenfunktion, Blutgasanalysen, Bronchoskopie, Ventilations-/Perfusions-Scan, High resolution-CT, Gallium-Scan
Kardial:	Echo und Dopplerechokardiographie, Radionuclidventriculographie, Rechtsherzkatheterismus, Magnetic Resonanz, ev. Coronarangiographie
Belastbarkeit:	6 min walk test, Fahrradergometrie

Entsprechend diesen Aktivitäten bedarf es eines multidisziplinären Teams bestehend aus Pulmologen, Kardiologen, Transplantationschirurgen, Radiologen, Psychologen, Physiko- und Atemtherapeuten, dessen gemeinsames Ziel die optimale Betreuung des Transplantationskandidaten ist.

Konklusion

Die uni- und bilaterale Lungentransplantation eröffnet heute einer Reihe von Patienten mit Endstadien verschiedener Lungenerkrankungen eine neue therapeutische Option.

Es ist zu erwarten, daß durch Fortschritte vorallem in der Operationstechnik und der Immunosuppression in Zukunft die bereits heute hohen Überlebensraten weiter ansteigen werden. Trotzdem wird von dieser Therapieform durch die Knappheit an Spenderorganen nur ein relativ kleiner Teil an Patienten profitieren können; daher wird eine konsequente Patientenselektion auch weiterhin von wesentlicher Bedeutung sein. Die heute aufgestellten Selektionskriterien und Operationsmöglichkeiten werden zudem ständig neu überdacht und den raschen Entwicklungen der Thoraxorgantransplantation angepaßt werden müssen.

Literatur

1. Cooper JD, Patterson GA, Grossman R, Maurer JR (1988) Double lung transplant for advanced chronic obstructive pulmonary disease. Am Rev Respir Dis 139: 303–307
2. Dark J, Corris PA (1989) The current state of lung transplantation. Thorax 44: 689–692
3. Egan TM, Kaiser LR, Cooper JD (1989) Lung transplantation. Curr Probl Surg 26: 673–752
4. Kramer MR, Tiroke A, Marshall SE, Starnes VA, Lewiston NJ, Theodore J (1990) The clinical significance of hyperbilirubenemia in patients with pulmonary hypertension undergoing heart-lung transplant. J Heart Transplant 9: 79A
5. Langer M, Mosconi P, Cigada M, Mandelli M, and the Intensive Care Unit Group of Infection Control (1989) Long term respiratory support and risk of pneumonia in critically ill patients. Am Rev Respir Dis 140: 302–305
6. Marshall SE, Kramer MR, Lewiston NJ, Starnes VA, Theodore J (1990) Selection and evaluation of recipients for heart-lung and lung transplantation. Chest 98: 1488–1494
7. Morrison DL, Maurer JR, Grossman RF (1990) Preoperative assessment for lung transplantation Pulmonary considerations in transplantation. Clin Chest Med 11 (2): 207–215

8. Toronto Lung Transplant Group (1988) Experience with single lung transplantation for pulmonary fibrosis. JAMA 259: 2258–2262
9. Grimm M, Wisser W, End A, Hiesmayr M, Burghuber OC, Ringl H, Oturaniar D, Wollenek G, Wolner E, Klepetko W (1993) Sequential, bilateral lung transplantation in Vienna. J Cardiovasc Thoracic Surg (in press)

Korrespondenz: Univ.-Prof. Dr. O. C. Burghuber, Klinische Abteilung für Pulmologie, Universitätsklinik für Innere Medizin IV, Währinger Gürtel 18–20, A-1090 Wien, Österreich

Anfeuchtung der Atemgase

F. Roth

Abteilung für Intensivbehandlung, Institut für Anästhesiologie und
Intensivbehandlung, Universität Bern, Schweiz

Physikalische Grundlagen

Der Wassergehalt eines Gases wird entweder als absolute Feuchtigkeit
(mgH_2O/l) oder als relative Feuchtigkeit angegeben. Mit letzterer
erfaßt man den Sättigungsgrad, d.h. das Verhältnis des vorhandenen
Wassergehaltes zu demjenigen, der bei der gemessenen Temperatur
maximal möglich ist (siehe Tabelle 1).

In der ISO-Norm für Anfeuchter ist gefordert, daß der Wasserdampfgehalt des Atemgases am Patientenanschluß einen Wert größer
als 33 mg pro Liter aufweisen muß. Bezogen auf Körpertemperatur
entspricht dies einer relativen Feuchte von nur 75%.

Physiologie und Pathophysiologie

Bei Zimmertemperatur und mittlerer Luftfeuchtigkeit kommt die
eingeatmete Luft nach Passage der Nase mit etwa 34°C und gegen 80%
relativer Feuchtigkeit in der Trachea an. Die restliche Erwärmung auf
37°C und Anfeuchtung auf 100% erfolgt also auch physiologischerweise in den tieferen Luftwegen. Für diese Leistung sind sie eingerich-
tet, jedoch nicht für mehr.

Durch die Intubation oder Tracheotomie wird der Nasen-Rachen-
Raum ausgeschaltet: Keine Anwärmung, Anfeuchtung, Filterung der
eingeatmeten Luft. Bekanntlich hört die Ciliartätigkeit ganz auf, wenn
die in der Trachea ankommende Atemluft eine relative Feuchtigkeit

Tabelle 1. Wasserdampfgehalt gesättigter Luft

Temperatur (°C)	Wasserdampfgehalt (mg/l)	rel. Feuchte, bez. auf 37°C (%)
32	33	75
33	35	80
34	37	85
35	40	90
36	42	95
37	44	100

von 70% unterschreitet. Die fortlaufende Reinigung der Atemwege durch den Flimmerstrom der Cilien ist jedoch für unsere Patienten unentbehrlich, ganz besonders für solche, die nicht in Seitenlage gedreht werden können. Dank dieser Einrichtung zeigen auch abhängende Lungenpartien in der Regel keine Anschoppung von Sekret.

Strömt längere Zeit trockene Luft in die Atemwege, kommt es zu den bekannten Komplikationen: Eingetrocknete Sekretkrusten verhindern rein mechanisch jede Tätigkeit der Flimmerepithelien; dickes Sekret verlegt Bronchien und Bronchiolen, so daß sich Atelektasen bilden; diese wiederum führen fast zwangsläufig zu pneumonischen Infiltraten. Außerdem kommt es bei fehlender oder ungenügender Befeuchtung zu dem oft lange unbemerkten und u.U. nicht leicht zu diagnostizierenden Eintrocknen von Sekret und „plötzlichem" Verstopfen von Tubus oder Kanüle mit nicht selten letalem Ausgang [6].

Technische Möglichkeiten der Luftbefeuchtung

Durch Verdampfen oder Verdunsten von Wasser entsteht feinstverteilte, molekulare Feuchtigkeit. Verschiedene Techniken, jede mit Vor- und Nachteilen, die noch zu beleuchten sein werden, kommen dabei zur Anwendung.

Wasserdampf: — künstliche Nase (HME)
— blow-over-Prinzip
— Sprudler
— Hohlfasern
— > Siedepunkt

Nebel, Aerosol: — Venturi-Prinzip — kalt

— warm

— Ultraschall

HME (=Heat and Moisture Exchanger)

Anfänglich wurde Wärme und Feuchtigkeit im Exspirium durch eine aufgewickelte Metallfolie aufgefangen und wieder an die Inspirationsluft abgegeben; heute bestehen die HME ausschließlich aus z.T. beschichteten Kunststoff-Materialien. Wirkungsgrad knapp 75% bei einem mittleren Atemzugvolumen. Für die Langzeitbeatmung sind sie ohne zusätzliche regelmäßige Instillation von phys. NaCl-Lösung insuffizient, d.h. Tuben oder Kanülen verstopfen etc. [2, 6, 7]. Hingegen haben sich an unseren Kliniken die HME bei Transporten von beatmeten Patienten und während Intubationsnarkosen gut bewährt.

Blow-over-Prinzip

In modernen Befeuchtern vielfach angewandt und bewährt. Compliance (= Kompressionsvolumen) kann durch Sprudler (= Bubbler) bzw. Vergrößerung der verdunstenden Oberfläche durch hygroskopische Folien verkleinert werden. Einige Fabrikate (z.B. Cascade II, Bear VH 820) sind mit Servosteuerung versehen; andere verhindern das Abscheiden von Kondenswasser durch Heizdrähte (z.B. Fisher & Paykel). Vor kurzem wurde gezeigt, daß dieser Komfort auch nicht problemlos ist [8].

Hohlfaser-Prinzip

Vielversprechend ist das Hohlfaser-Prinzip (Aquamod von Dräger). Der eigentliche Anfeuchter verschiebt sich, weil relativ klein und leicht, Richtung Patient und hat eine geringe Compliance, deshalb besonders geeignet für Neugeborene und Kleinkinder.

Vernebler

Ein zur Anfeuchtung von Atemgasen zugeführter Nebel (= Aerosol) wird entweder nach dem Venturi-Prinzip oder durch Ultraschall erzeugt. Verglichen mit Kaltverneblern sind Warmvernebler erheblich effizienter, indem das erwärmte Wasser einen höheren Dampfdruck aufweist und dementsprechend zwischen den Tröpfchen bereits eine gesättigte Atmosphäre herrscht.

Ultraschall-Geräte zur Atemgas-Befeuchtung

Erlebten vor ca. 20 Jahren einen echten Boom; sie sind dann aber relativ bald wieder von den Respiratoren verschwunden und versuchen sich seither mit anderen Indikationen noch auf dem Markt zu halten. Wir haben sie nie angewandt, weil unphysiologisch, inhärente Gefahren wie Wasser-Intoxikation und enorme Keimverschleppung, sobald mit Bakterien kontaminiert (siehe Tabelle 2) [1].

Keimverschleppung

Eine üble Epidemie mit Pseudomonas-Pneumonien konnten wir Ende der sechziger Jahre auf die damals mit den Bird-Respiratoren neu eingeführten Kaltvernebler zurückführen. Wir haben dann mit einer Pseudomonas-Species einige einfache und doch wegweisende Untersuchungen angestellt, deren Resultate Tabelle 2 zeigt.

Glücklicherweise wurden wir damals praktisch gleichzeitig auf die Möglichkeit der Dekontamination mit Hilfe von metallischem Kupfer

Tabelle 2. Grad der Keimverschleppung durch verschiedene Anfeuchtertypen

Prinzip des Anfeuchters		Verschleppte Keime
„Blow-over"	Lundia	ø
	Engström	ø
	Radcliffe	ø
Sprudler	Cascade	+
	ISV*	+ +
Venturi-Vernebler	Winliz	+ +
	Bird	+ +
	ISV	+ +
Ultraschall		+ + +

* ISV (= Inselspital-Sprudler-Vernebler) war ein Eigenfabrikat, das sowohl als Sprudler wie auch, besonders nach der Extubation oder Dekanülierung eines Patienten, als Vernebler angewandt werden konnte

aufmerksam [4]. Seither haben wir metallisches Kupfer in Form von Schwämmen, gelochten Plättchen und Spiralen routinemäßig mit nachgewiesenem Erfolg zur laufenden Desinfektion unserer Anfeuchter angewandt. Leider hat sich die für denselben Zweck kommerziell hergestellte Silbertablette nicht bewährt. Daschner hat 1987 [3] darauf aufmerksam gemacht, daß das Präparat leider den Versprechungen nicht gerecht wird. Wir haben in breiteren Versuchen seine Aussagen bestätigen müssen, gleichzeitig aber einmal mehr demonstrieren können, daß metallisches Kupfer eine einwandfreie Desinfektion von Anfeuchtern gewährleistet [5].

Luftbefeuchtung beim Asthma bronchiale

Falls der Respirator eines Asthmatikers mit einem Vernebler bestückt ist (z. B. Bird) oder gar mit einem Ultraschall-Gerät, sollen diese Anfeuchter mit phys. NaCl-Lösung und Aqua dest. 1:1 beschickt werden.

Bessere Lösung: Wechsel auf einen Anfeuchter, der nach dem Blow-over- oder Sprudler-Prinzip arbeitet.

Ebenso wichtig scheint uns, daß ein spontan atmender, also nicht intubierter Asthma-Patient auf keinen Fall mit einem Nebel von destilliertem Wasser berieselt wird. Entweder auch phys. NaCl und Aqua dest. 1:1 oder besser diesem Patienten molekularen Wasserdampf aus einem entsprechenden Anfeuchter anbieten.

Nutzen und Gefahren der Anfeuchtung von Atemgasen

Nutzen guter Luftbefeuchtung:
- keine verstopften Tuben
- Atelektase-Prophylaxe
- Ciliartätigkeit erhalten
- erleichtert Bronchialtoilette
- erübrigt NaCl-Instillation

Gefahren der Luftbefeuchtung:
- Keimverschleppung
- Überwässerung
- Bronchospasmus
- Überhitzung

Literatur

1. Bamert P, Roth F (1974) Bakterienpropagation durch Atemluftbefeuchter. Schweiz Med Wochenschr 104: 1856–1859
2. Cohen IL, Weinberg PF, Fein IA, Rowinski GS (1988) Endotracheal tube occlusion associated with the use of heat and moisture exchangers in the intensive care unit. Crit Care Med 16: 277–279
3. Daschner F, Eisele S (1987) Chemische Desinfektion von Wasser mit Silbertabletten? (Leserbrief). Intensivmedizin 24: 306
4. Deane RS, Mills EL, Hamel AJ (1970) Antibacterial action of copper in respiratory therapy apparatus. Chest 58: 373–375
5. Flückiger Schild K, Widmer HR, Roth F (1991) Chemische Wasserdesinfektion mit Silbersalz, metallischem Kupfer und Silber. Intensivmedizin 28: 498–502
6. Martin C, Perrin G, Gevaudan M-J, Saux P, Gouin F (1990) Heat and moisture exchangers and vaporizing humidifiers in the intensive care unit. Chest 97: 144–149
7. Misset B, Escudier B, Rivara D, Leclercq B, Nitenberg G (1991) Heat and moisture exchanger vs heated humidifier during-long-term mechanical ventilation. Chest 100: 160–163
8. Miyao H, Hirokawa T, Miyasaka K, Kawazoe T (1992) Relative humidity, not absolute humidity, is of great importance when using a humidifier with a heating wire. Crit Care Med 20: 674–679

Korrespondenz: Dr. F. Roth, Abteilung für Intensivbehandlung, Inselspital, CH-3010 Bern, Schweiz

Sedonalgesierung bei Langzeitbeatmeten

R. Ritz, F. Lehmann, S. Durrer und W. Haefeli

Abteilung Intensivmedizin, Department Innere Medizin, Universitätskliniken,
Basel, Schweiz

Einleitung

In den letzten 10 Jahren wurde die Form der Langzeitbeatmung von
Intensivpatienten stufenweise verändert: von der ursprünglich völlig
„kontrollierten Beatmung" (CMV) geht die Tendenz in Richtung einer
möglichst frühzeitigen Mitbeteiligung an der Atmung durch den
Patienten selbst (SIMV, Pressure support mit/ohne PEEP). Dies erfordert einen wachen, wenn möglich kooperativen Patienten. Entsprechend wurde das Konzept der Sedoanalgesierung in zweifacher Hinsicht adaptiert: einerseits soll die Sedation nur noch so tief erfolgen [1],
daß der Patient Tubus, Absaugen und Beatmung gut erträgt („Sedation
to the point of no distress"), anderseits erfolgt die Analgesie vermehrt
mit nahezu reinen Analgetika statt mit Hypnotika – immer in Ergän-
zung zu einer partiellen Sedation.

Zur Sedation von langzeitbeatmeten Patienten werden heute möglichst kurz wirkende und entsprechend gut steuerbare Medikamente
wie Midazolam oder Disoprivan in Form von intravenösem Initialbolus
und anschließender Infusion verabreicht.

Medikamente zur Sedation

Früher wurden zur Sedation von langzeitbeatmeten Patienten Barbitu-
rate und langwirkende Benzodiazepine eingesetzt, weltweit vor allem
Diazepam [2, 3]. Bereits 1983 konnten wir jedoch die Nachteile einer

protrahierten Wirkung von Diazepam mit seiner langen Halbewertszeit und dem ebenfalls sedierenden Metaboliten aufzeigen [4]. Eine Umfrage „Swiss Sedation 1988" [5] beleuchtete die Sedationsgewohnheiten auf 69 Intensivstationen der Schweiz: in 95% der Stationen wurden generell Benzodiazepine, meist Midazolam, verwendet; 4/5 der Befragten setzten gleichzeitig Opiate zur Sedoanalgesierung ein. Als Ziel der Sedationstiefe versuchten 77% der befragten Intensivstationen die Patienten möglichst wach und kooperativ zu halten; eine generelle Anwendung relaxierender Medikamente bei beatmeten Patienten wurde verneint.

Das *ideale Sedativum* sollte günstige pharmakokinetische Eigenschaften (breiten therapeutischen Bereich, kurze Halbwertszeit und rasche Passage in den Liquorraum) aufweisen, keinen negativen Einfluß auf Kreislauf und Respiration sowie keine Interaktionen mit anderen Medikamenten haben und sollte unabhängig von Leber- und Nierenfunktion metabolisiert werden; ein solches ideales Sedativum gibt es nicht. Zur Zeit kommen dieser Wunschvorstellung zur Betreuung langzeitig beatmeter Patienten das Benzodiazepin Midazolam und

Tabelle 1. Vergleich der Sedativa Disoprivan (Propofil®) und Midazolam (Dormicum®)

	Disoprivan	Midazolam
Amnesie	keine	variabel
Anxiolyse	kaum	ausgeprägt
Muskelrelaxation	keine	leichte
Antagonist	keiner	Flumazenil (Anexate®)
Steuerbarkeit	sehr gut	gut
Abbau	berechenbar	„slow metabolizers"
Aktive Metaboliten	keine	alpha-OH-Midazolam
„Hang over"	keiner	bis Stunden
Toleranz	?	ja
Sucht	?	
Kardiopulmonale Depression	+ +	+
Kosten	7*	1

* Kosten (berechnet für 1 Sedation bei 70 kg schwerem Patienten, mittlerer Dosisbereich): Disoprivan : Midazolam = sFr. 202,60 vs sFr. 29,90

Disoprivan am nächsten. Intensive Forschung und entsprechende Veröffentlichungen über Wirkungen und Nebenwirkungen dieser beiden Medikamente ergaben, daß Midazolam und Disoprivan ähnlich günstig zur Langzeitsedation beatmeter Patienten eingesetzt werden können; dies konnte auch in einer kürzlichen Studie bei Patienten, welche zur transoesophagealen Echokardiographie sediert werden mußten [6], gezeigt werden; neben vergleichbarer sedativer Wirkung führte Disoprivan erwartungsgemäß etwas weniger zu retrograder Amnesie, Disoprivan war dagegen entsprechend teurer im Preis (Tabelle 1).

Beurteilung der Sedationstiefe

Die Beurteilung der Sedationstiefe beim beatmeten Patienten erfolgt auch heute noch in erster Linie durch klinische Untersuchung. Dabei werden Pupillenreaktion, Kornealreflexe sowie Reaktion auf verschiedene Stimuli und hämodynamische Veränderungen beim endotrachealen Absaugen etc. beurteilt. Zur Quantifizierung der klinischen Beobachtungen wurden verschiedene Scores beschrieben: die Bedeutung des weltweit häufig verwendeten Glasgow Coma Score's ist dabei nur für neurochirurgische Patienten sicher nachgewiesen, beim intubierten Patienten ist er ungeeignet. Für diese Patienten wird deshalb korrekterweise häufig der von Ramsay beschriebene Score benutzt ([7], Tabelle 2).
Objektive Parameter zur Evaluation der Sedationstiefe sind wenig untersucht. Persson et al. untersuchten die quantitative Beziehung von klinischer Wirkung und Plasmakonzentration, speziell von Midazolam

Tabelle 2. Sedationstiefe: quantitative Beurteilung nach Ramsey [7]

Score	Grad der Sedation
1	Beunruhigt und agitiert, rastlos, oder beides
2	Kooperativ, toleriert Beatmung, ist orientiert und ruhig
3	Schläft. Prompte Reaktion auf Beklopfen der Glabella oder lautes Ansprechen
4	Schläft. Träge Reaktion auf Beklopfen der Glabella oder lautes Ansprechen
5	Keine Reaktion auf Beklopfen der Glabella oder lautes Ansprechen, aber Reaktion auf Schmerzreiz
6	Keine Reaktion, auch nicht auf Schmerzreiz

in der postoperativen Patientenbetreuung [8]. Dabei konnte eine gute Korrelation zwischen Plasmaspiegel und Pharmakodynamik des Midazolam gefunden werden, die quantitative Beziehung konnte am besten durch eine sigmoide Dosis-Wirkung beschrieben werden. Zusammenfassend zeigte sich dabei, daß eine Midazolam-Konzentration über 250–300 ng/ml für eine hypnotische Wirkung notwendig war. Bei Dosisreduktion wurden die Patienten im Bereich von 150–200 ng/ml weckbar, eine Rest-Sedation sowie Amnesie bestanden weiter, bis eine Konzentration von 75–100 ng/ml unterschritten wurde. Oldenhoff untersuchte pharmakokinetische und pharmakodynamische Parameter

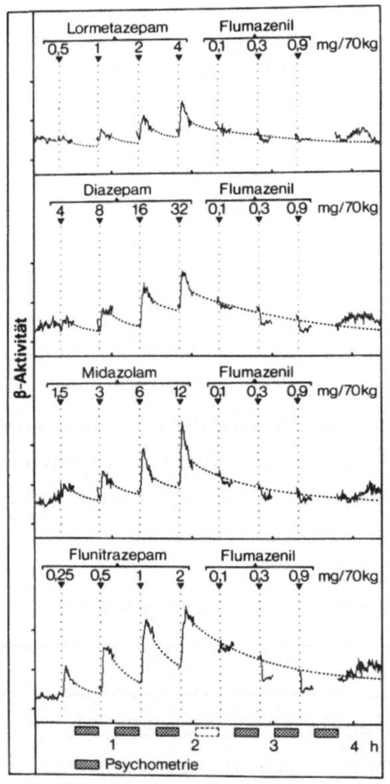

Abb. 1. Mittlerer Verlauf der beta-Aktivität in vier Behandlungsgruppen mit verschiedenen Benzodiazepinen, jeweils gefolgt von Gaben des Antagonisten Flumazenil, in steigenden Dosen. Die unterbrochenen Linien geben der vermuteten Verlauf während des jeweiligen Registrierunterbruchs für Psychotests wieder (nach Suttmann et al. [22])

unter Midazolam-Dauerinfusion und stellte eine weite interindividuelle Streubreite der zur Sedation benötigten Plasmakonzentrationen fest [9]. Das Erstellen einer direkten quantitativen Beziehung zwischen Sedationstiefe und Plasmaspiegel scheint in der Praxis beim Intensivpatienten schwierig.

Zur Objektivierung der Sedationstiefe wurde auch die elektroenzephalographische beta-Aktivierung nach Benzodiazepin-Gabe untersucht [10–13]. Die Zunahme dieser Aktivität im EEG scheint dosisabhängig [14–17]. Ebenfalls nachgewiesen wurde die Korrelation zwischen quantitativen EEG-Veränderungen und Plasmakonzentration bei Benzodiazepinen [18–20]. Suttmann et al. [21] untersuchten 32 Probanden nach i.v.-Verabreichung von Flunitrazepam, Lormetazepam, Midazolam und Diazepam betreffs beta-Aktivität im EEG: die Zunahme der Aktivität erfolgte mit einer Latenz von 30–60 Sek. auf die intravenöse Applikation der Benzodiazepine, war proportional zur verabreichten Dosis und erreichte ihr Maximum nach 2–3 Minuten. Der anschließende Rückgang der Aktivität war exponentiell. Durch repetitive Gabe des spezifischen Benzodiazepin-Antagonisten Flumazenil konnte die Wirkung vorübergehend aufgehoben werden (Abb.1).

Noch ausstehend ist der Nachweis, daß die quantifizierbaren Veränderungen im EEG mit der klinischen Beurteilung der Sedationstiefe direkt korrelieren.

Schließlich könnte zur Objektivierung der Sedationstiefe auch die Analyse der Pulsvariabilität nützlich sein. Mikoleit et al. [22] konnten eine Abnahme der Variabilität der Herzfrequenz bei Narkoseeinleitung zeigen.

Ausblick

Gefragt sind neue, besser steuerbare Sedativa mit günstigen pharmakokinetischen Wirkungen und geringen Nebenwirkungen sowie mit bezahlbarem Preis. In dieser Hinsicht könnte der Metabolit alpha-OH-Midazolam von Interesse sein. In Pilotversuchen an 6 Probanden konnten wir die pharmakokinetischen (kurze Halbwertszeit von 63 ± 14 Minuten) und pharmakodynamischen Effekte, insbesondere auch die gute sedative Wirkung aufzeigen [23]. Da das Midazolammetabolisierende Zytochrom Ort zahlreicher medikamentöser Interaktionen ist und seine metabolische Kapazität bekanntermaßen beschränkt ist, wäre die Umgehung dieses eliminationslimitierenden

Schrittes möglicherweise klinisch vorteilhaft. Die direkte Verabreichung des aktiven Metaboliten, welcher nur durch Glucuronidierung, einem Stoffwechselweg mit großer metabolischer Reserve, eliminiert wird, dürfte die wohlbekannte intraindividuelle Variabilität in der Disposition von Midazolam deutlich verkleinern. Die Dosierung würde dadurch vereinfacht und die Steuerbarkeit einer sedativen Therapie somit zweifellos verbessert.

Gefragt sind auch Parameter zur objektiven Beurteilung der Sedationstiefe; auf Grund solcher kontinuierlich erhaltener Meßwerte (EEG, Pulsvariabilität u.a.) könnte das Ausmaß der jeweils gewünschten Sedation feiner eingestellt werden. Ob die EEG-Aktivitäten künftig als goldener Standard dafür gelten werden, ist eine noch offene Frage, die auch von der Weiterentwicklung der Technik abhängt.

Schließlich könnte es nach unserer Ansicht in Zukunft bei der Sedation von langzeitbeatmeten Patienten auf Intensivstationen zum Ziel werden, ein stufenweises, der jeweiligen Situation gerecht werdendes und objektiv überprüftes Vorgehen zu wählen; dazu müßten i.v.-Bolus-Verabreichungen und kontinuierliche Infusion der Sedation nach Schema geplant fein eintitriert werden, möglicherweise unter Bestimmung der Plasmakonzentrationen, möglicherweise auch unter Einsatz antagonistisch wirkender Substanzen im Sinne einer „balanced sedation".

Literatur

1. Ritz R (1991) Benzodiazepine sedation in adult ICU patients. Intensive Care Med 17: S11–S14
2. Buchanan N, Cane RD (1978) Drug utilisation in a general intensive care unit. Intensive Care Med 4: 75–77
3. Merriman HM (1981) The techniques used to sedate ventilated patients. Intensive Care Med 7: 217–224
4. Rapold HJ, Follath F, Scollo-Lavizzari G, Kehl O, Ritz R (1984) Verlängertes Koma durch Sedation mit Diazepam bei beatmeten Patienten. Dtsch Med Wochenschr 109: 340–344
5. Spoendlin M, Schönenberger R, Ritz R (1992) Die Sedation beatmeter Patienten: Vorgehen an schweizerischen Intensivstationen. Schweiz Med Wochenschr 122: 789
6. Durrer S, Salathe M, Ritz R (1992) Kardiovaskuläre und respiratorische Nebenwirkungen bei patientenkontrollierter Anxiolyse/Sedation, untersucht während der Transoesophagealen Echokardiographie (TEE) bei Midazolam (M) und Propofol (P). Intensivmed Notfallmed 29: 387
7. Ramsay MAE, Savege TM, Simpson BRJ, Goodwin R (1974) Controlled sedation with Alphaxalone-Alphadolone. Br Med J 2: 656–659

8. Persson P, Nilsson A, Hartvig P (1988) Relation of sedation and amnesia to plasma concentrations of midazolam in surgical patients. Clin Pharmacol Ther 43: 324–331

9. Oldenhof H, de Jong M, Steenhoek A, Janknegt R (1988) Clinical pharmacokinetics of midazolam in intensive care patients, a wide interpatient variability? Clin Pharmacol Ther 43: 263–269

10. Brown CR, Sarnquist FH, Canup CA, Pedley TA (1979) Clinical, electroencephalographic and pharmacokinetic studies of a water soluble benzodiazepine, midazolam maleate. Anesthesiology 50: 467–470

11. Frost JD, Carrie JRG, Borda RP, Kellaqay P (1973) The effects of dalmane (Flurazepam Hydrochloride) on human EEG characteristics. Electroencephalogr Clin Neurophysiol 34: 171–175

12. Herrmann WM, Kubicki S (1981) Beispiele für die Projektion von Substanzwirkungen typischer Psychopharmaka auf eine elektrophysiologische Meßebene. Z EEG-EMG 12: 21–32

13. Metcalf DR, Whitley DJ (1964) Experience with diazepam in an electroencephalography laboratory controlled evaluation. Am J Psychiatry 12: 1114–1115

14. Itil TM (1974) Qualitative pharmaco-electroencephalography. In: Itil TM (ed) Use of computerized cerebral biopotentials in psychotropic drugs and the human EEG. Karger, Basel München New York, pp 43–75

15. Matejcek M (1979) Pharmaco-electroencephalography: the value of quantified EEG in psychopharmacology. Pharmacopsychiatry 12: 126–136

16. Montagu JD (1971) Effects of quinalbarbitone (Secobarbital) and nitrazepam on the EEG in man: quantitative investigations. Eur J Pharmacol 14: 238–249

17. Montagu JD (1972) Effects of diazepam on the EEG in man. Eur J Pharmacol 17: 167–170

18. Fink M, Irwin P, Weinfeld RE, Schwartz MA, Conney AH (1976) Blood levels and electroencephalographic effects of diazepam and bromazepam. Clin Pharmacol Ther 20: 184–191

19. Kurowski M (1979) Beziehung zwischen Pharmako-EEG und Pharmakokinetik von Lormetazepam. Dissertation, Berlin

20. Saletu B, Grünberger J, Linzmayer L, Nitsche V (1978) Bestimmung der Psychoaktivität und Langzeitwirkung einer Retardform von Oxazepam (Anxiolit Retard) mittels Blutspiegel-, quantitativer EEG- und psychometrischer Analysen. Wien Klin Wochenschr 90: 382–389

21. Suttmann H, Rampf U, Juhl G, Greim M, Doenike A (1990) Beta-Aktivierung nach intravenöser Gabe von Benzodiazepinen und dem spezifischen Antagonisten Flumazenil (Ro 15-1788). Z EEG-EMG 21: 20–28

22. Mikoleit B (1985) Untersuchungen zum Einfluß der Narkoseeinleitungsphase auf die periodische Variabilität der Herzfrequenz. Anaesthesiol Reanimat 10: 51–59

23. Haefeli WE, Hotz MA, Scollo-Lavizzari G, Ritz R (1991) Pharamacokinetics and pharmacodynamics of alpha-OH-midazolam in man. Clin Pharmacol Ther 49: 136

Korrespondenz: Prof. R. Ritz, Abteilung Intensivmedizin DIM, Medizinische Universitätskliniken, Kantonsspital, CH-4031 Basel, Schweiz

Entwöhnung vom Respirator

D. Barckow

Reanimationszentrum der Medizinischen Klinik und Poliklinik,
Universitätsklinikum Rudolf-Virchow, Standort Charlottenburg,
Berlin, Bundesrepublik Deutschland

Einleitung

Die Beatmung eines schwer erkrankten Patienten ist längst integraler Bestandteil der Intensivmedizin geworden. Zwar soll vorrangig der pulmonale Gasaustausch verbessert und damit eine drohende oder vorhandene Hypoxämie beseitigt werden, in vielen Krankheitssituationen ist aber darüber hinaus die Reduktion der Atemarbeit von ebenso entscheidender Bedeutung. Die dadurch eintretende Entlastung eines unter Umständen am Rande seiner Leistungsfähigkeit arbeitenden Herzens wird noch dadurch unterstützt, daß in vielen Fällen durch Erhöhung des mittleren Atemwegsdruckes der Preload verringert und damit ein insuffizientes linkes Herz deutlich entlastet wird.

Es ist deshalb gut vorstellbar, daß die Entwöhnung eines Patienten vom Respirator von vielen Voraussetzungen abhängt und auf zahlreiche Schwierigkeiten stoßen kann. Wenn wir unter Entwöhnung vom Respirator die Fähigkeit eines Patienten verstehen, spontan ohne Respiratorunterstützung mehr als 24 Stunden zu atmen, werden in der Literatur zwischen 10 und 50% erfolgloser Entwöhnungsversuche angegeben. Zweifellos stellt dabei die Grunderkrankung oft eine entscheidende Ursache für ein derartiges Scheitern dar.

Pathophysiologie der Entwöhnung

Unmittelbar nach Übergang auf Spontanatmung steigt in fast allen Fällen die Atemfrequenz. Das ist durch vielerlei intrapulmonale Veränderungen und hinzukommende Ängstlichkeit des Patienten bedingt. Es kommt unter Umständen rasch zu einer Zunahme des funktionellen Totraumes, einer alveolären Hypoventilation und erneuten Verteilungsstörungen in der Lunge. Funktionelle Residualkapazitäten (FRC) und Compliance der Lunge nehmen ab und die Flußwiderstände nehmen zu. Altersbedingt ist eine Erhöhung der Atemarbeit mit natürlicher Steigerung des O_2-Bedarfs. Unter Einfluß erhöhter Plasma-Katecholaminspiegel wird Vor- und Nachlast des Herzens erhöht und damit die Gefahr einer Dekompensation des Herzens gesteigert. Daraus resultieren für den Entwöhnungsversuch ungünstige Folgen:

1. eine notwendige adäquate Steigerung des Herz-Zeitvolumens ist nicht möglich,
2. eine zunehmende Linksherzinsuffizienz erhöht den Atemwegswiderstand (Asthma cardiale) und
3. die Minderperfusion des Zwerchfells verschlechtert die mögliche Atemleistung.

Entwöhnungskriterien

Üblicherweise werden für den Beginn eines Entwöhnungsmanövers folgende Voraussetzungen gefordert:

– Atemzugvolumen	(VT)	> 5 ml/kg
– Vitalkapazität	(VK)	> 10–15 ml/kg
– Atemfrequenz	(AF)	< 35/min.
– $AaDO_2$	(F_iO_2 1,0)	> 300 mmHg
– PaO_2	(F_iO_2 < 0,4)	> 60 mmHg
– intrapulmonaler RL-Shunt	(Qs/Qt)	< 10–20%
– $PaCO_2$ Anstieg nach Beatmungspause		< 8 mmHg

Die Vielfalt pathophysiologischer Veränderungen unter Beatmung und Unterbrechung der Beatmung machen es verständlich, daß eine schematische *Anwendung* dieser Entwöhnungskriterien häufig zum Scheitern führen muß. Es ist deshalb vielfach nach verläßlicheren Kriterien gesucht worden, die einen Entwöhnungsversuch als erfolgreich voraussagen.

O$_2$-Verbrauch

Zentrale Größe für einen erfolgreichen Entwöhnungsversuch ist die Höhe der Atemarbeit, die der Patient leisten muß. Sie abzuschätzen wurde vorgeschlagen, den O$_2$-Verbrauch vor und nach einer Spontanatmungsphase zu messen und aus der Differenz des O$_2$-Verbrauches, auf die Größe der Atemarbeit zu schließen. Ist der O$_2$-Verbrauch der Beatmung beim Gesunden in Ruhe etwa 2% des Gesamtverbrauches, so fanden einige Untersucher einen kritischen Anteil am Gesamtverbrauch etwa bei 15% des Gesamtbedarfes. Entwöhnungsversuche scheiterten mehrheitlich bei einem Anteil der durch Atemarbeit bedingten O$_2$-Aufnahme von mehr als 15%. Im individuellen Einzelfall erwies sich dieses Verfahren aber in vielen Nachfolgeuntersuchungen als jedoch außerordentlich unzuverlässig und hat sich deshalb auch im Hinblick auf den nicht geringen Aufwand der Erfassung des O$_2$-Verbrauches bisher nicht durchgesetzt.

Okklusionsdruck

Zur Erfassung des zentralen Atemantriebes wurde der Verschlußdruck am distalen Tubusende 0,1 s. nach Inspirationsende gemessen. Zur Erfassung dieses Meßwertes ist die Kooperation des Patienten nicht notwendig. Als Grenzwert für eine erfolgreiche Entwöhnung wurde ein Wert < 7 cm H$_2$O herausgearbeitet, und erste erfolgreiche klinische Beobachtungen mit der Anwendung dieses Verfahrens sind veröffentlicht.

Weaning-Index

In diesen Index gehen die Mechanik von Lunge und Thorax, die muskuläre Kraft und der pulmonale Gasaustausch ein. In einer vorgelegten Studie wird eine Spezifität und Sensibilität dieses Weaning-Index (bei einem überwiegend internistischen Krankengut) für eine erfolgreiche Entwöhnung von 95% beschrieben.

Allgemeine Entwöhnungsstrategie

Natürlich sind unabdingbare Voraussetzungen für den Start eines Entwöhnungsversuches die Überwindung aller krankheitsbedingten

　　　　　　　　　　　D. Barckow

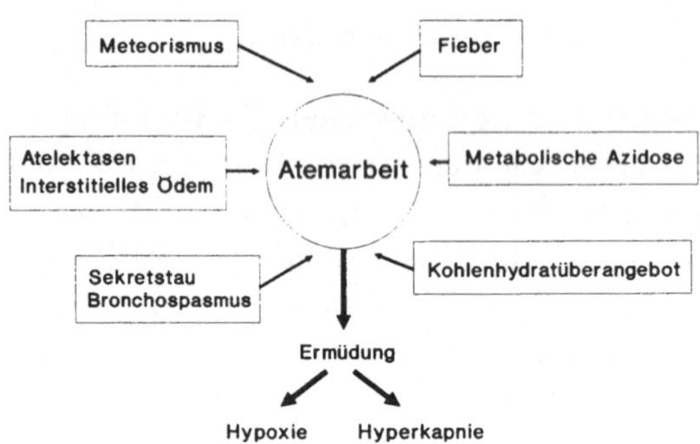

Abb. 1. Bestimmende Faktoren für die Atemarbeit

Veränderungen, die Indikation zur Beatmung waren. Darüber hinaus müssen alle sekundären Faktoren bedacht werden, die eine Zunahme der Atemarbeit bedingen (Abb. 1). Daneben muß zweifellos sichergestellt sein, daß die restlose Elimination verabreichter Sedativa abgeschlossen ist. Im anderen Fall wird wegen fehlender Kooperation des Patienten mit möglicher Beeinträchtigung des zentralen Atemantriebes ein Entwöhnungsmanöver zum Scheitern verurteilt sein.

Zahlreiche Hilfen werden für den Übergang zur endgültigen Spontanatmung angegeben.

T-Stück

Hierbei atmet der Patient über einen Tubus oder die Trachealkanüle aus einem T-Stück. Der Vorteil besteht in der einfachen Handhabung und die Möglichkeit, die Atemluft mit Sauerstoff anzureichern und optimal zu befeuchten. Ventile zur Freigabe des Atemstromes müssen nicht geöffnet werden. Nachteil ist der abrupte Übergang der Atmung gegen normalen Umgebungsdruck und damit die Gefahr einer erneuten Abnahme der FRC und Verschlechterung der Gasaustauschsituation.

IMV/SIMV

Hierbei atmet der Patient spontan. Angeschlossen an ein Beatmungsgerät wird er seinen Bedürfnissen angepaßt und in unterschiedlicher Frequenz durch maschinell gestützte Atemzüge unterstützt. In der Vergangenheit ist diese schon lange beschriebene und sehr überzeugende Entwöhnungsmethode oft an technischen Unzulänglichkeiten dazu verwendeter Beatmungsgeräte gescheitert. Denn häufig war die zur Öffnung der Demand-Ventile, die den Atemstrom freigaben, notwendige Kraft so groß, daß ein Patient dies nicht leisten konnte und rasch erschöpfte. Dies war umso mehr der Fall, wenn zusätzlich die Widerstände eines noch liegenden evtl. sehr engen Beatmungstubus zu überwinden waren. Neuere Geräte ermöglichen die Kompensation dieser Widerstände durch stufenlose Zuschaltung einer Unterstützung der Spontanatmung (ASB). Bis zu einem vorzuwählenden Druckniveau wird der inspiratorische Fluß maschinell unterstützt. Ein solches ASB-Niveau liegt in der Regel zwischen 3 und 15 cm Wassersäule.

CPAP

Spontanatmung gegen einen erhöhten Atemwegsdruck über Tubus oder Maske ist in der pädiatrischen Intensivmedizin seit langem ein sehr hilfreiches Verfahren zur Kompensation pulmonaler Verteilungsstörungen ohne künstliche Beatmung. Seit entsprechende Flow-Generatoren zur Verfügung stehen hat sich dies Verfahren auch beim erwachsenen Intensivpatienten besonders in der Entwöhnungsphase sehr bewährt. Vorteil ist die Möglichkeit auch unter Spontanatmung die Kollapsneigung von Alveolen und kleinen Luftwegen zu verhindern. Dadurch wird neu auftretenden Verteilungsstörungen entgegengewirkt und die Atemarbeit verringert, die durch entstehenden sog. „Intrinsic Peep" zusätzlich erhöht wird. Dies Verfahren kann in seiner Effektivität noch gesteigert werden, wenn durch zyklische Änderungen des PEEP-Niveaus die Belüftung der Lunge noch verbessert wird. Dies Verfahren hat den Namen BiPAP erhalten.

Bewährtes Entwöhnungsschema

1. Schrittweise Reduktion des F_iO_2 auf 0,3
2. Reduktion des PEEP auf + 3 cm
3. Unterstützung der Spontanatmung durch SIMV/ASB/CPAP
4. Beatmungspausen (nachts unter Umständen durchbeatmen)
5. Extubation

Flankiert werden müssen diese Entwöhnungsschritte durch intensive krankengymnastische Betreuung, eine intensive Zuwendung und eine optimale Streßabschirmung.

Spezielle Probleme

gibt es bei:

- Patienten mit Schädel-Hirntrauma
  - gestörter Atemantrieb
  - Patient komatös oder nicht kooperativ

- Patienten mit neuromuskulärer Erkrankung
  - meist lange Beatmungsdauer
  - Atrophie der Atemmuskulatur

- Patienten mit ARDS
  - ausgedehnte pulmonale Verteilungsstörungen
  - eingeschränkte Lungencompliance
  - Superinfektionen

- Patienten mit Thoraxverletzungen
  - instabiler Thorax
  - Schmerzen

- Patienten mit COLD
  - falsche Indikation zur Beatmung
  - bronchiale Obstruktionen
  - Air trapping (Auto-PEEP)

Schlußfolgerungen

- Ein allgemein gültiges Entwöhnungsschema gibt es nicht.
- Entwöhnung nach Langzeitbeatmung ist auf unterschiedliche Weise erfolgreich möglich.
- Gute Kenntnisse der Pathophysiologie von Atmung und Kreislauf zeigen den Weg.
- Ganz entscheidend ist die aufmerksame Überwachung des Patienten in dieser Phase.

Literatur

1. Huster Th, Böhrer H, Martin E (1992) Die Entwöhnung vom Respirator. Anästh Intensivmed 33: 209–218
2. Lemaire F, Meakins JL (1991) Weaning. In: Lemaire F (ed) Mechanical ventilation. Springer, Berlin Heidelberg New York Tokyo

3. Tobin MJ, Jubran A (1992) Difficult weaning. In: Vincent JL (ed) Yearbook of
    intensiv care and emergency medicine 1992. Springer, Berlin Heidelberg New
    York Tokyo

Korrespondenz: Priv. Doz. Dr. D. Barckow, Reanimationszentrum, Medizinische
Klinik und Poliklinik, Universitätsklinikum Rudolf-Virchow, Standort Charlottenburg, Spandauer Damm 130, D-W-1000 Berlin 19, Bundesrepublik Deutschland

Notfall-Beatmung – Ergebnisse der präklinischen und klinischen Respirationstherapie

A. Zeiner, M. Frossard, W. Hödl, G. Röggla und A. N. Laggner

Notfallaufnahme, Allgemeines Krankenhaus, Wien, Österreich

Einleitung

In der präklinischen Notfallmedizin ergibt sich die Indikation zur maschinellen Beatmung bei Herz-Kreislauf-Atemstillstand, insuffizienter Spontanatmung bei Coma und Vergiftungen, bei pulmonaler respiratorischer Insuffizienz, sowie bei schwerem Polytrauma [2, 8, 11]. In der Klinik wird hingegen für die Entscheidung zur maschinellen Beatmung meist die Blutgasanalyse miteinbezogen. Ein PaO_2 unter 60 mmHg bei maximalem Sauerstoffangebot, ein $PaCO_2$ > 50 mmHg bei einem pH < 7.3, bzw. eine Atemfrequenz > 35/Minute gelten als Beatmungsindikationen [2].

An der Notfallaufnahme des Allgemeinen Krankenhauses in Wien werden seit Sommer 1991 lebensbedrohliche und nicht-lebensbedrohliche Notfälle aller medizinischen Fachbereiche mit Ausnahme der Traumatologie versorgt. Die Patienten werden dort von den präklinischen Rettungsorganisationen (Notarztwagen, Rettungshubschrauber) übernommen und nach initialer Stabilisierung im Akutbehandlungsbereich diagnostisch abgeklärt und danach entweder auf die Notfallstation oder auf eine Intensivstation verlegt [7].

Im Folgenden soll über die Erfahrungen mit maschineller Beatmung von Patienten, bei denen präklinisch oder klinisch die Notfall-Beatmung eingeleitet wurde, berichtet werden. Außerdem werden die Ergebnisse der Beatmungstherapie bei Notfalltransporten aufgezeigt.

A. Zeiner et al.

Patienten und Methoden

Für die vorliegende Auswertung wurde der Zeitraum September 1991 bis August 1992 berücksichtigt. Die präklinische Indikation für die maschinelle Beatmung wurde vom Notarzt nach etablierten Kriterien gestellt [2, 8, 11]. Die Intubation erfolgte orotracheal mit dem Rüsch-Gummi Tubus oder mit dem Combitubus [3]. Die präklinische Beatmung wurde mit dem Oxylog der Firma Dräger durchgeführt. Dieses Beatmungsgerät ist ein zeitgesteuerter Respirator, die Zeitsteuerung erfolgt rein pneumatisch (von der Sauerstoffflasche betrieben), sodaß keinerlei Elektronik erforderlich ist. Eingestellt werden Atemfrequenz und Atemminutenvolumen. Die Inspirationszeit, die das entsprechende Tidalvolumen liefert, ermittelt sich das Gerät aus den beiden gewählten Parametern. Die Sauerstoffkonzentration kann zwischen 100% und Air-Mix (45%) variiert werden. Bei Einstellung „Air Mix" wird dem Sauerstoff über ein Venturiventil atmosphärische Luft im Verhältnis von ca. 1:2 zugemischt.

Die Überwachung der präklinischen Beatmungstherapie erfolgte durch den Notarzt nach rein klinischen Gesichtspunkten, lediglich die Herzrhythmusüberwachung übernahm ein Monitor. Die Effektivität der präklinischen Beatmungstherapie dokumentierten wir anhand der arteriellen Blutgasanalyse, die innerhalb von 15 Minuten nach der Übernahme an der Notfallaufnahme durchgeführt wurde. Als insuffiziente Beatmung werteten wir: $PaO_2 < 80$ mmHg, $PaCO_2 > PaO_2$, $PaCO_2 > 50$ mmHg.

An der Notfallaufnahme bestehen Beatmungsmöglichkeiten im Akutbehandlungsbereich und auf der Notfallstation. Im Studienzeitraum erfolgte die klinische Intubation mit Mallinckrodt-Tuben ausschließlich orotracheal. Die Intubationsindikation stellte sich bei respiratorischer Insuffizienz, $Pa\,O_2 < 60$ mm Hg trotz maximaler Sauerstoffinsufflation, $PaCO_2 > PaO_2$, [2], bzw. bei Aspirationsgefahr im Rahmen von comatösen Zustandsbildern. Im klinischen Bereich ist somit die Blutgasanalyse neben

Tabelle 1. Indikationen zur Notfall-Beatmung bei präklinischem bzw. klinischem Beginn der Respiratortherapie

| | Beatmungsbeginn | | | |
| | präklinisch (n = 86) | | klinisch (n = 57) | |
	n	%	n	%
CPR	56	66	11	19
KLÖ	7	8	8	14
COPD	4	5	10	17
Coma	16	18	15	26
ARDS	1	1	1	2
Schock	2	2	4	7
post OP			2	4
Intox.			6	11

der klinischen Verlaufsbeobachtung (Atemfrequenz, SaO_2-Verlauf) eine wichtige Entscheidungshilfe. Die maschinelle Beatmung an der Notfallaufnahme erfolgte mit dem Siemens Servo Ventilator 300. Dieser Respirator ist ein zeitgesteuertes Gerät für die druck- (DK) und volumenkontrollierte (VK) Beatmung. Die determinierenden Größen sind die Inspirationszeit bzw. die Pausendauer, der Inspirationsfluß wird aus dem eingestellten Beatmungsdruck bzw. Volumen vom Gerät selbst berechnet. Die assistierte Beatmung wird mittels Flow-stand-by-Trigger (im negativen Druckbereich) bzw. Druck-Trigger (im positiven Druckbereich) gesteuert. Folgende Parameter werden während der Respirator-Therapie mittels eines HP-Monitors überwacht: SaO_2, $ETCO_2$, arterieller Blutdruck und Herzfrequenz. Außerdem werden je nach Bedarf, bei stationären Patienten 2stündlich Blutgase kontrolliert.

Innerklinische Notfalltransporte wurden mit dem Dräger-Oxylog beatmet. Die Überwachung erfolgte mit dem „Propaq 104 EL" der Firma Protocol, der eine laufende Überwachung von Pulsoxymetrie, Blutdruck (nichtinvasiv und invasiv) und Herzfrequenz gewährleistet. Zum Patiententransport wurden eine Notfalltasche (beinhaltet Laryngoskop, Tuben, Ambubeutel und sämtliche Notfallmedikamente) und ein transportabler Sauger der Firma Laerdal mitgeführt.

Ergebnisse

86 Patienten (50 Männer, 36 Frauen, 60 ± 18 Jahre) wurden präklinisch, 84 mit dem Rüsch-Gummi-Tubus und 2 mit dem Combitubus, intubiert. Die Umintubation erfolgte bei allen Patienten auf Mallinckrodt-Tuben nach 76 ± 87 Minuten. Dabei wurde 82mal der orotracheale und 4mal der nasotracheale Zugangsweg gewählt.

Die präklinische Beatmungstherapie wurde insbesondere wegen Herz-Kreislaufstillstand bzw. Coma eingeleitet (Tabelle 1).

Präklinisch Beatmete waren bei der Übernahme in erster Linie kontrolliert beatmet (Tabelle 2). Die bei der Aufnahme erhobenen Blutgasanalysewerte sind in Abb. 1 angeführt. Bei 6 Patienten lag der $PaCO_2$ über dem PaO_2, bei 8 Patienten war $PaO_2 < 80$ mmHg und bei 9 Patienten war der $PaCO_2 > 50$ mmHg. Insgesamt lag somit bei 23 Patienten (27%) eine insuffiziente präklinische Beatmung vor. Bei diesen Patienten war 14mal ein präklinischer Herz-Kreislaufstillstand, 2mal ein kardiogenes Lungenödem, 2mal ein ARDS, 2mal eine COPD, 2mal ein Coma und 1mal eine Tubusfehllage im Ösophagus Grund für die respiratorische Insuffizienz.

Die maschinelle Beatmung über den Combitubus war bei einem Patienten problemlos möglich. Beim zweiten Patienten kam es rund 15 Minuten nach Beginn der maschinellen Beatmung an der Notfallaufnahme zum Auftreten eines linksseitigen Spannungspneumothorax. Schwierige Intubationsverhältnisse machten eine bronchoskopische

Umintubation erforderlich. Hierbei zeigte sich, daß der distale Ballon des Combitubus überbläht war und vom Ösophagus her zu einer Trachealobstruktion führte.

Bei den Patienten mit präklinischem Beatmungsbeginn konnte im Behandlungsverlauf an der Notfallaufnahme rund ein Drittel auf assistierte Beatmung umgestellt werden. Von den insgesamt 86 übernommenen respiratorpflichtigen Patienten konnten bereits 18% an der

Tabelle 2. Notfall-Beatmung bei präklinischem bzw. klinischem Beginn der Respiratortherapie: Methoden

	Beatmungsbeginn							
	präklinisch (n = 86)				klinisch (n = 57)			
	Beginn		Ende		Beginn		Ende	
	n	%	n	%	n	%	n	%
CMV ges.	79	93	59	69	55	96	35	61
DK	15	18	15	18	15	26	13	23
VK	64	75	44	51	40	70	22	40
AV ges.	7	7	27	31	2	4	21	37
SIMV	2	2	3	3			3	5
DU	3	3	10	12	1	2	13	23
CPAP	2	2	14	16	1	2	5	9

CMV kontrollierte Beatmung, *DK* druckkontrollierte Beatmung, *VK* volumenkontrollierte Beatmung, *AV* assistierte Beatmung, *SIMV* synchronisierte intermittierende Beatmung, *DU* druckunterstützte Beatmung, *CPAP* kontinuierlich positiver Atemwegsdruck

Tabelle 3. Ergebnisse der Notfall-Beatmung bei präklinischem bzw. klinischem Beginn der Respiratortherapie

| | Beatmungsbeginn | | | |
| | präkl. (n = 86) | | klinisch (n = 57) | |
	n	%	n	%
Beatmung nein	16	18	21	37
Beatmung ja	35	41	26	45
verstorben	35	41	10	18
mittlere Beatmungsdauer	26 Stunden		14 Stunden	

Notfallaufnahme extubiert werden. 41% sind an der Notfallaufnahme verstorben (Tabellen 2, 3).

57 Patienten (39 Männer,18 Frauen, 58 ± 19 Jahre) wurden an der Notfallaufnahme intubiert. In allen Fällen wurden Mallinckrodt-Tuben verwendet und der orotracheale Intubationsweg gewählt. Beim klinischen Beatmungsbeginn waren in erster Linie Coma, Intoxikationen und pulmonal bedingte respiratorische Insuffizienz Indikationen zur Respiratorbehandlung (Tabelle 1).

Bei Beatmungsbeginn an der Notfallaufnahme wurde primär fast ausschließlich kontrolliert beatmet, im Behandlungsverlauf konnte ein Drittel auf assistierte Beatmung umgestellt werden. 18 % sind verstorben. Ein Drittel konnte erfolgreich extubiert werden (Tabellen 2, 3). Auf innerklinischen Notfalltransporten wurden 201 Patienten (139 Männer, 62 Frauen, 49 ± 21 Jahre, Range 2 Monate bis 92 Jahre) beatmet. In der Mehrzahl der Fälle war eine problemlose Beatmung mit dem Oxylog möglich. Ein Patient mit schwerstem Lungenödem und ein Patient mit COPD mußten manuell beatmet werden, da die Oxylog-Beatmung insuffizient war. In 27% war ärztliches Eingreifen während des Transportes erforderlich (50 Sedierungen, 7 Relaxierungen, 3 Intubationen, 4mal Absaugen).

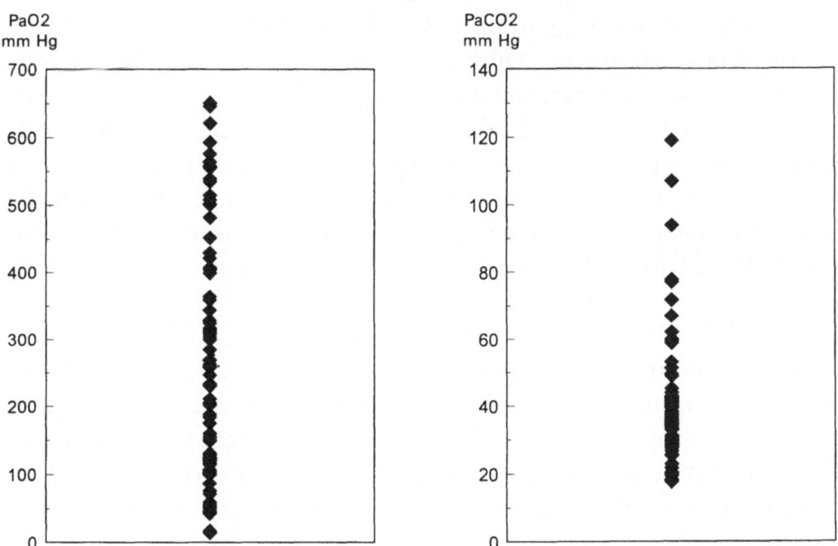

Abb. 1. Blutgasanalyse bei Übernahme der präklinisch intubierten und beatmeten Patienten

Diskussion

Die Übernahme präklinisch intubierter und beatmeter Patienten stellt für die Mitarbeiter der Notfallaufnahme eine besondere Herausforderung dar. Wie unsere Ergebnisse mit 27% insuffizienten präklinischen Beatmungen zeigen, muß unmittelbar bei Übernahme die Effektivität der Beatmung geprüft werden. Dazu gehört in erste Linie die klinische Prüfung der Tubuslage und die Blutgasanalyse. Schließlich wird im Aufnahmeröntgen die Tubuslage dokumentiert [6]. Wichtig scheint uns die Feststellung, daß sich der Notarzt keineswegs in Sicherheit wiegen sollte, daß er den Patienten mit dem Oxylog suffizient beatmet. Möglicherweise könnte man durch erweitertes Monitoring eine insuffiziente Beatmung verhindern. Methoden, wie Pulsoxymetrie, Kapnometrie, kontinuierliche Blutdruckmessung, die in der Anästhesie und Intensivmedizin zum Standard gehören, wären für die präklinische Beatmungstherapie absolut zu fordern. Zudem müßte das präklinisch eingesetzte Beatmungsgerät auch die klinisch geforderten Alarm- und Sicherheitsvorrichtungen aufweisen. Daß der Dräger-Oxylog für den Einsatz bei Hypothermie und schwerer pulmonaler Erkrankung nicht geeignet ist, ist hinlänglich bekannt [1, 9]. Diese Einschränkung gilt sowohl für seinen Einsatz bei präklinischer Beatmung als auch beim innerklinischen Notfalltransport. Beatmungsgeräte, die diesen Anforderungen gewachsen sind, würden erhebliche Kosten verursachen und derzeit die Voraussetzungen für den präklinischen bzw. innerklinischen Transport (Größe, Gewicht, unabhängige Energie- und Gasversorgung) noch nicht erfüllen. Als Alternative für die Beatmung kritischer Fälle bleibt somit vorerst nur die manuelle Beatmung mit Beatmungsbeutel, Sauerstoffzufuhr und PEEP-Ventil. Nicht nur in den USA sondern auch bei uns hat sich diese Methode bewährt [12].

Der Combitubus wird für die Beatmung im Rahmen der präklinischen cardiopulmonalen Reanimation empfohlen [3]. Er hat sich auch bei Patienten mit schwierigen Intubationsverhältnissen und mit Lungenblutungen als günstig erwiesen [4, 5]. Bei der Anwendung des Combitubus im Rahmen der maschinellen Beatmung muß man jedoch nach unseren Erfahrungen mit Problemen rechnen. Die Überblähung des distalen Cuffs hat offenbar zu einer Trachealobstruktion mit konsekutivem Auto-PEEP geführt, welcher für das Barotrauma verantwortlich war [10].

Die Tatsache, daß Patienten, die an der Notfallaufnahme intubiert worden sind, höhere Extubationsraten hatten als Patienten die präklinisch intubiert worden sind, ist wohl auf die deutlich unterschiedlichen Grunderkrankungen zurückzuführen. Dennoch ist die Aussage gerechtfertigt, daß an der Notfallaufnahme eine Reihe von Patienten mit respiratorischer Insuffizienz mit Respirator-Therapie erfolgreich behandelt werden können.

An der Notfallaufnahme werden Patienten nach präklinischer und klinischer Intubation maschinell beatmet. Während die präklinische Beatmungstherapie meistens wegen Herzkreislaufstillstand begonnen wird, ist in der Klinik oft eine pulmonale oder zerebrale Grunderkrankung für die Respiratorpflichtigkeit eines Patienten verantwortlich. Mit den derzeit vorhandenen technischen Möglichkeiten ist die präklinische Beatmungstherapie bei mehr als einem Viertel der Patienten insuffizient. Diese Tatsache muß bei der Übernahme der Patienten im Krankenhaus entsprechend berücksichtigt werden. Die Ergebnisse der Beatmungstherapie an der Notfallaufnahme sind ermutigend und weisen darauf hin, daß die Notfallaufnahme ein wesentliches Glied der Rettungskette darstellt.

Literatur

1. Dahlgren BE, Nilsson HG, Peters B, Skedevik C (1985) Portable emergency ventilators. Acta Anesthesiol Scand 29: 753–757
2. Durston W (1991) Mechanical ventilation. In: Roberts JR, Hedges JR (eds) Clinical procedures in emergency medicine. WB Saunders, Philadelphia London Toronto Montreal Sydney Tokyo, pp 83–106
3. Frass M, Frenzer R, Rauscha F, Weber H, Pacher R, Leithner C (1987). Evaluation of esophageal tracheal Combitube in cardiopulmonary resuscitation. Crit Care Med 15: 609–611
4. Eichinger S, Schreiber W, Heinz T, Kier P, Dufek V, Goldin M, Leithner C, Frass M (1992) Airway management in a case of neck impalement: use of the oesophageal tracheal combitube airway. Br J Anaesth 68: 534–535
5. Klauser R, Röggla G, Pidlich J, Leithner C, Frass M (1992) Massive upper airway bleeding after thrombolytic therapy: sucessful airway management with the Combitube. Ann Emerg Med 21: 431–433
6. Kreienbühl G (1992) Überprüfung der Tubuslage. Anaesthesist 41: 571–581
7. Laggner AN (1992) Die Notfallaufnahme am Allgemeinen Krankenhaus in Wien. Der erste Jahresbericht. Wien Klin Wochenschr 104 [Suppl 194]: 1–19
8. Mauritz W (1989) Basisreanimation A und B: Atemstillstand und Beatmung. In: Enenkel W, Steinbereithner K, Weber H, Fitzal S (Hrsg) Notfallmedizin. Maudrich, Wien München Berlin, S 70–90

9. McQuillan PJ, Hillman DR, Woods WPD (1990) Positive endexspiratory pressure and critical oxygenation during transport in ventilated patients. Int Care Med 16: 513–516

10. Mutz N, Luz G, Lexer B, Putensen Ch (1989) Barotrauma. In: Deutsch E, Dienstl F, Kleinberger G, Laggner AN, Lenz K, Ritz R, Schuster HP (Hrsg) Pulmonale Probleme des Intensivpatienten. Schattauer, Stuttgart New York, S 79–88

11. Trunkey D (1991) Initial management of patients with extensive trauma. N Engl J Med 324: 1259–1263

12. Weg JG, Haas CF (1989) Safe intrahospital transport of critically ill ventilator-dependent patients. Chest 96: 631–635

Korrespondenz: Dr. A. Zeiner, Notfallaufnahme, Allgemeines Krankenhaus /Universitätskliniken, Währinger Gürtel 18–20, A-1090 Wien, Österreich

Überwachung des beatmeten Patienten

P. v. Wichert, H. Schneider, H. Becker und Th. Podszus

Zentrum für Innere Medizin, Klinikum der Philipps-Universität, Marburg,
Bundesrepublik Deutschland

Während vor der Entwicklung der intensivmedizinischen Techniken
die klinische Beobachtung die einzige Methode war, über den Zustand
eines Patienten Informationen einzuholen, ist heute die Möglichkeit
gegeben, diese Aufgaben auch apparativ zu lösen, darüber hinaus aber
Informationen zu gewinnen, die für die Beurteilung des Patienten
wesentlich sind und mit einfacher klinischer Beobachtung nicht erhalten werden können. Jedoch sollte auch unter letzterem Aspekt grundsätzlich nicht vergessen werden, daß die Überwachung von Patienten,
auch des beatmeten Patienten, eine sorgfältige, genaue, ständige und
aufmerksame klinische Beobachtung erfordert, die gelegentlich mehr
sagt, als apparative Zahlenwerte.

Viel mehr als auf die Erhebung von Daten kommt es in der
klinischen Intensivmedizin auf eine kluge Interpretation der Information unter Beachtung der pathophysiologischen Grundprinzipien an,
eine Aussage, die besonders für die Überwachung der Beatmungstherapie gilt. Mit dem Aspekt, daß die Überwachung nicht nur eine
Sicherungsfunktion, sondern auch eine diagnostische Qualität hat,
spannt sich der Bogen zu den therapeutischen Entscheidungen des
Arztes aufgrund der Überwachungsdaten. Unter Überwachung eines
intensivmedizinisch behandelten oder beatmeten Patienten ist stets die
Überwachung der Gesamtproblematik zu verstehen, die Überwachung
der speziellen Beatmungsmaßnahmen, die Überwachung von Kreis-
lauf- und Stoffwechselfunktionen und des klinischen Zustandes. Insofern gehört auch die Beurteilung des Schwergrades der Erkrankung,

z. B. mit Hilfe eines Score-Systems, ebenfalls in das Überwachungsspektrum hinein. Der APACHE-Score hat sich z. B. auch für die Beurteilung von Verlauf und Prognose von beatmeten Patienten bewährt [2].

Ziel der Atmung, wie auch der Beatmung ist die Oxygenation des arteriellen Blutes. Blutgase und Sättigung des arteriellen Blutes geben Auskunft über den Effekt der Oxygenation. Gegenwärtig werden die arteriellen Blutgase immer noch diskontinuierlich gemessen, da die Verfahren zur intravasalen kontinuierlichen Registrierung technisch und pflegerisch aufwendig und mit Fehlresultaten behaftet sind. Leider ist das einfache Verfahren der transkutanen Bestimmung der arteriellen Blutgase in der Erwachsenenmedizin ebenfalls mit Problemen behaftet, die sich besonders im Schock äußern, da neben dem Gasdruck, Temperatur und Blutstrom unter den Elektroden in die Bestimmungen eingehen.

Die Oxygenation kann auch mit der Oxymetrie erfaßt werden, die sich im intensivmedizinischen Bereich, besonders zur Analyse der venösen Sättigung eignet. Die zentralvenöse Sättigung kann durch neue technische Entwicklungen auch kontinuierlich mit ausreichender Genauigkeit erfaßt werden. Eine gemisch-venöse Sauerstoffsättigung über 60% schließt im allgemeinen eine kardiale oder pulmonale Instabilität aus. Beachtet werden muß, daß die zentral-venöse Sättigung Resultante des Gasaustausches in höchst unterschiedlichen Stromgebieten ist, ist aber unter Beachtung dieser Gesichtspunkte ein wertvoller Parameter zur Beurteilung der Gewebsoxygenierung [11].

In den letzten Jahren hat die Überwachung von Parametern, die die Ventilation und Atemmechanik beurteilen, an Bedeutung zugenommen. Sie beinhalten eine Aussage über Effekt und Qualität der Beatmung und erlauben eine individuelle Optimierung des Beatmungsvorganges. Hierbei sind die Parameter, die die Ventilation beschreiben, also Atemzeitvolumen oder Atemfrequenz klinisch nicht exakt zu bestimmen, sondern bedürfen der exakten Messung [3, 6]. Die Bestimmung atemmechanischer Paramter mit Hilfe exakter Meßdaten ist besonders dann sinnvoll, wenn das Problem der Beatmungsbeendigung ansteht.

Relativ einfach kann die Compliance bestimmt werden, die Auskunft über die Gewebsstruktur von Lunge und Thorax gibt. Moderne Beatmungsgeräte liefern diese Daten meist ohnehin in digitaler Anzeige. Zu beachten ist, daß der endexspiratorische Druck vom Beatmungsdruck abgezogen werden muß, was in der Regel ebenfalls häufig automatisch erfolgt. Die Berechnung wird schwierig, wenn ein sog. „Auto-PEEP" vorhanden ist. Ein „Auto-PEEP" stellt sich bei Patienten mit Atemwegsobstruktionen leicht ein und hat erhebliche Konsequenzen für die Hämodynamik. Da die morphologischen Veränderungen im Atemwegsystem, insbesondere bei Patienten mit obstruktiven Ventilationsstörungen nicht uniform verteilt sind, bedeutet das gleichzeitig, daß unterschiedliche Alveolarbereiche unterschiedliche Zeitkonstanten haben, die jedoch gegenüben den physiologischen Verhältnissen in jedem Fall verlängert sind. Auf die Beatmungssituation angewandt, ergibt sich daraus einerseits, daß die unterschiedlichen Zeitkonstanten in jedem Fall eine gleichmäßige Ventilation unmöglich machen, andererseits, daß für eine gegebene alveoläre Ventilation ein so hoher Zeitaufwand während der Exspiration notwendig ist, daß in den meisten Fällen das Minutenvolumen nicht gehalten werden kann. Das Abnehmen des Minutenvolumen verstärkt die respiratorische Insuffizienz. Wenn diesem Sachverhalt nicht Rechnung getragen wird, oder nicht Rechnung getragen werden kann, verbleibt während der Exspiration Volumen in der Lunge, das dort einen Anstieg des Alveolardrucks bewirkt [1]. Dieser „Auto-PEEP" oder „Intrinsic-PEEP" erhöht die Gefahr des Barotraumas, er belastet die Atemmuskulatur, verändert die Lungenperfusion und hat, worauf schon hingewiesen wurde, Rückwirkungen auf das Herzzeitvolumen. Bei Nichtbeachtung dieses Effektes kann es zur Überschätzung der effektiven Füllungsdrucke des Herzens und zu fehlerhaften therapeutischen Entscheidungen, wie Flüssigkeitsrestriktion oder der Gabe vasopressorischer Pharmaka kommen. Unter praktischen Bedingungen muß immer dann damit gerechnet werden, wenn der exspiratorische Atemfluß bis zur erneuten maschinellen Inspiration anhält. Der gestiegene Alveolardruck wird vom Manometer des Beatmungsgerätes nicht angezeigt. Durch Verschluß des exspiratorischen Schenkels kann sich der Druck im Gerät mit dem Alveolardruck equilibrieren, so daß das Ausmaß des „Auto-PEEP" festgestellt werden kann [4].

Der normale Bereich der statischen Compliance liegt bei etwa 60–100 ml pro Zentimeter H_2O. Die Beatmungsgeräte zeigen allerdings nicht die tatsächliche Compliance, sondern die sog. „effektive" Compliance an, die sich, wie schon erwähnt, aus den Betriebsparametern des Beatmungsgerätes errechnet. Eine erfolgreiche Beendigung einer Beatmung ist bei Patienten mit einer Compliance unter 25 ml pro Zentimeter H_2O nur selten möglich, infolge der durch die Compliancezunahme erforderlichen Zunahme der Atemarbeit [5].

Die Bestimmung der Atemarbeit selber wäre überaus geeignet. Aussagen über die Situation des Patienten zu machen. Die Bestimmung dieser Parameter ist allerdings außerordentlich aufwendig und eine Routineanwendung nicht möglich. Aus klinisch-experimentellen Untersuchungen weiß man, daß Sauerstoffverbrauch der Atemmuskulatur und Atemarbeit direkt korrelieren, und daß der Sauerstoffverbrauch relativ gut mit dem Zeitintegral der transdiaphragmalen Drucke als ein Maß für die Belastung der Atemmuskulatur korreliert ist [7].

Die Kraft der Atemmuskulatur kann durch den maximal inspiratorischen Atemwegsdruck (pi max) ausgedrückt werden, der selbstverständlich abhängig vom Lungenvolumen in der Regel entweder beim Residualvolumen oder der funktionellen Residualkapazität gemessen wird. Eine Verminderung findet man bei neuromuskulären Erkrankungen, Lungenerkrankungen, aber auch bei schlechter Kooperation des Patienten. Die Bestimmung von pi max erlaubt relativ gut die Vorhersage, ob ein Entwöhnungsversuch erfolgreich sein wird. Patienten, die einen negativen Druck von mehr als 30 cm H_2O aufbringen können, sind in der Regel nicht mehr beatmungspflichtig [10]. Mit diesem Verfahren gelingen aber nur grobe Abschätzungen der Funktion der Atemmuskulatur, da die Compliance von Lunge und Thorax keine Beachtung findet. Die Möglichkeiten zur Überwachung der Atemmuskulatur sind nach wie vor nicht befriedigend. Das Gleiche gilt für die Erfassung der Atemmuskelermüdung, die entweder invasiv erfolgen muß, oder von der Mitarbeit des Patienten abhängig ist, und sich im übrigen für eine ständige Überwachung schon aus methodischen Gründen nicht eignet. Eine relativ gute, wenn auch indirekte Information über die Situation der Atmung ergibt die Erfassung der Atemmuster, die induktionsplethysmographisch heute relativ einfach möglich ist [9]. Untersuchungen der letzten Jahre haben gezeigt, daß die Atemmuster bessere Indikatoren der Funktion des muskulären Atemapparates sind als die alleinige Bestimmung mechanischer Größen, so daß mit der Methode der induktiven Plethysmographie, oder anderen inzwischen im Markt befindlichen Methoden wertvolle Hinweise und Informationen über die Situation eines Patienten, besonders im übergang zwischen maschineller und spontaner Atmung gewonnen werden können [8]. Diese Methoden sollten beim Monitoring von beatmenten Patienten vermehrt angewandt werden.

Zur Überwachung des beatmeten Patienten stehen eine Vielzahl von Methoden zur Verfügung, von denen jede einzelne nicht in der Lage ist, die gesamte Problematik des beatmeten Patienten in der Weise zu erfassen, daß sie als alleinige kritische Meßgröße angesehen werden darf. Die Vielzahl der zur Verfügung stehenden Methoden darf auf der anderen Seite aber nicht darüber hinwegtäuschen, daß es im wesentlichen darauf ankommt, die Parameter, die man mißt, in den richtigen klinischen Kontext zu setzen. Das Ziel des respiratorischen Monitoring ist es, die Gewebsoxygenation zu überwachen, diese ist es nämlich, die die kritische Größe für das weitere Überleben des Patienten, auch nach der Ventilatortherapie, darstellt. Schließlich muß jede Überwachungsmaßnahme, auch unter kurzen Nutzenrelationen, praktikabel sein. Es ist schwierig festzustellen, ob intensives Monitoring tatsächlich Kosten spart und Leben schützt. Der prädektive Wert der meisten Monitoringsysteme ist jedenfalls nicht eindeutig belegt. Verbunden mit einer sorgfältigen klinischen Untersuchung sind Überwachungssysteme aber in der Lage, das Verständnis über die Vorgänge beim beatmeten Patienten zu verbessern und vernünftige und zielgerichtete therapeutische Entscheidungen zu bewirken. Insoweit ist das respiratorische Monitoring nicht anders einzuschätzen als jede andere diagnostische Technik in der Medizin und in der Intensivmedizin.

Literatur

1. Halluszka J, Chartrand DA, Grassino AE, Millic-Emili J (1990) Intrinsic-PEEP and arterial pCO_2 in stabel patients with chronic obstructive pulmonary disease. Am Rev Respir Dis 141: 1194

2. Knaus WA (1989) Prognosis with mechanical ventilation: the influence of disease, severity of disease, age and chronic health status on survival from an acute illness. Am Rev Respir Dis 140: S8

3. Krieger B, Feinermann D, Zaron A, Bizousky F (1986) Continuous noninvasive monitoring of respiratory rate in critically III patients. Chest 90: 633

4. Pepe PE, Marini JJ (1982) Occult positive end-expiration pressure in mechanically ventilated patients with airflow obstruction. The auto-PEEP effect. Am Res Respir Dis 126: 166

5. Rossi A, Gottfried SB, Zocchi L, Higgs BD, Lennox S, Calverley PMA, Begin P, Crassino A, Millic-Emili J (1985) Measurement of static compliance of the respiratory system in patients with acute respiratory failure during mechanical ventilation. Am Rev Respir Dis 131: 672

6. Semmes BJ, Tobin MJ, Snyder JV, Grenvik A (1985) Subjective and obstructive measurement of tidal volume in critically III patients. Chest 87: 577

7. Skikora SA, Bistrian BR, Borlase BC, Blackburn GL, Stone MD, Benotti PN (1990) Work of breathing: reliable predictor of weaning and extubation. Crit Care Med 18: 157

 8. Tobin MJ, Chadha TS, Jenouri G, Birch SJ, Gazeroglu HB, Sackner MA (1983) Breathing patterns. 2. Diseases subjects. Chest 84: 287
 9. Tobin MJ, Perez W, Guenther SM, Semmes BJ, Mador MJ, Allken SJ, Jodata RF, Dantzker DR (1986) The pattern of breathing during successful and unsuccessful trials of weaning from mechanical ventilation. Am Rev Respir Dis 123: 1111
10. Tobin MJ (1988) Respiratory monitoring in the intensive care unit. Am Rev Respir Dis 138: 1625
11. Wiedemann HP, Matthay MA, Matthay RA (1984) Cardiovascular-pulmonary monitoring in the intensive care unit, part 1. Chest 85: 537

Korrespondenz: Prof. Dr. P. v. Wichert, Zentrum für Innere Medizin, Klinikum der Philipps-Universität, Baldingerstraße, D-W-3550 Marburg, Bundesrepublik Deutschland

Änderung der Beatmung nach Surfactantsubstitution bei Frühgeborenen mit Atemnotsyndrom

P. Groneck

Pädiatrische Abteilung, Kinderkrankenhaus der Stadt Köln,
Bundesrepublik Deutschland

Die Substitution von Surfactant hat die Therapie des Atemnotsyndroms Frühgeborener (RDS) revolutioniert. Surfactantbehandlung führt zu einer erheblichen Reduktion der Mortalität (–43%) sowie der Inzidenz von Pneumothorax (–70%) und pulmonalem interstitiellem Emphysem (–42%) [1]. Änderungen im Gasaustausch sind teilweise bereits wenige Minuten nach Surfactantapplikation zu registrieren und erfordern eine rasche Anpassung der Beatmung. Stategien für eine Beatmungsadaptation setzen eine Kenntnis des Einflusses der Surfactantgabe auf die pathophysiologischen Verhältnisse in der Lunge voraus. Weiterhin hängt die Respiratoranpassung vom zu erwartenden Therapieerfolg ab. Dieser Response auf Surfactant ist nicht einheitlich und hängt von verschiedenen Faktoren ab.

Pathophysiologie des RDS und Einfluß der Surfactant-Therapie

Pathologisch ist das RDS gekennzeichnet durch diffuse Atelektasen der peripheren Luftwege und Alveolen, die terminalen Bronchiolen sind überdistendiert. Weiterhin besteht ein Lungenödem. Pathophysiologisch liegen ein vermindertes Lungenvolumen, eine verminderte Compliance und intrapulmonale RL-shunts vor. Die Resistance ist normal oder nur leicht erhöht. Die Ursache dieser Verhältnisse beruhen auf einem Mangel an Surfactant [2]. Von einer Substitutionsbehandlung wird ein Anstieg der Compliance und des Lungenvolumens erwartet. Tatsächlich haben Lungenfunktionsmessungen jedoch gezeigt, daß trotz einer raschen Besserung des Gasaustausches die Compliance innerhalb der ersten Stunden nach Surfactantsubstitution nicht ansteigt, wenn sie unter Beatmungsbedingungen gemessen wird [3–6]. Erst nach 24 h ist die Compliance gegenüber nichtbehandelten Patienten dauerhaft erhöht [5, 7]. Unter Spontanatmung ist jedoch bereits nach einer Stunde ein Anstieg der Compliance zu registrieren. Diese Diskrepanz zur Messung unter Beatmung weist auf eine Überblähungssituation unmittelbar nach Surfactantgabe hin [3]. Mithilfe der Helium-Auswaschmethode konnte ein deutlicher und rascher Anstieg der funktionellen Residualkapazität (FRC) nach Surfactantsubstitution demonstriert werden [8]. Die Distribution von Surfactant bei Rescuetherapie ist nicht homogen und führt dazu, daß es zu regional unterschiedlichen Auswirkungen der Behandlung kommt [9]. Diese Ergebnisse könnten zu folgendem, allerdings noch hypothetischen Konzept der pathophysiologische Änderung in der Lunge nach Surfactantsubstitution zusammengefaßt werden (Abb. 1).

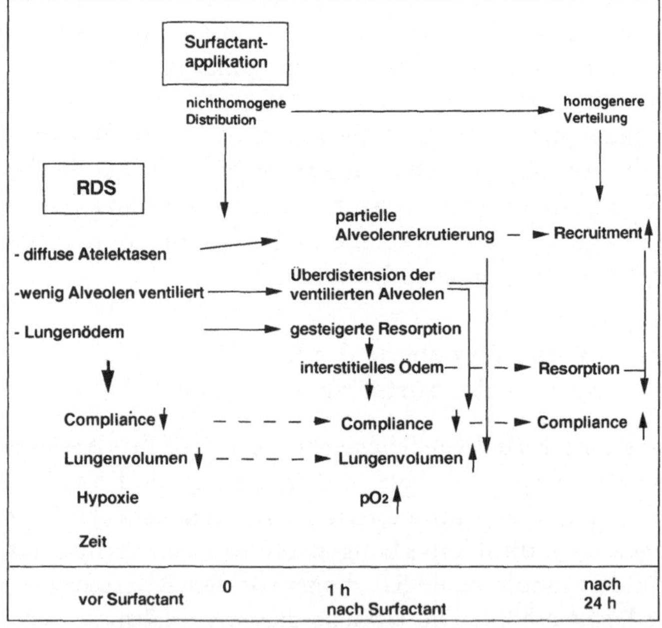

Abb. 1

Nichthomogene Surfactantapplikation führt zu einer nur partiellen Neurekrutierung von Alveolen, die ventilierten Alveolen werden überdistendiert. Herabsetzung der Oberflächenspannung bedingt eine Verminderung des Sogs der interstitiellen Flüssigkeit in die Alveolen, alveoläre Flüssigkeit wird resorbiert. Der rasche Anstieg der FRC hat einen verbesserten Gasaustausch zur Folge, aufgrund der partiellen Überdistension, der inhomogenen Distribution und des persistierenden interstitiellen Ödems bleibt die Compliance zunächst noch niedrig. Eine im Verlauf sich bessernde Verteilung des Surfactants in der Lunge führt zu einem zunehmenden Recruitment atelektatischer Alveolen. Weiterhin kommt es zu einer Resorption des interstitiellen Ödems. Beide Faktoren können dazu führen, daß nach 24 h auch die Compliance der Lunge ansteigt.

Unterschiedlicher Therapieerfolg
nach Surfactantsubstitution

Hinsichtlich des Therapieerfolges sind unterschiedliche Responsetypen beschrieben worden (Responder, Relapser, Poor-Responder, [10, 11]). Eine Übersicht über Faktoren, die einen Einfluß auf den Response nach Surfactantsubstitution haben, gibt Abb. 2.

1. Schweregrad der initialen Erkrankung	
2. Geschlecht	
3. pp Asphyxie	
4. in/outborn	**Robertson [12]**
1. frühes Auftreten eines PDA	
2. frühes Auftreten eines interstitielles Emphysems	**Charon [11]**
1. frühes Auftreten eines PDA	
2. schwere Asphyxie mit myocardialer Dysfunktion	**Fujiwara [13]**
1. Hypotension vor Substitution	
2. Flüssigkeitszufuhr in den ersten 24 h	**Hallman [14]**

Abb. 2. Faktoren mit Einfluß auf den Therapieerfolg nach Surfactantapplikation: klinische Studien

Der Therapieerfolg hängt also zunächst von der zugrunde liegenden Erkrankung ab: sehr schwere Verlaufsformen des Atemnotsyndroms sind durch eine massive Störung der pulmonalen epithelialen Permeabilität, wie sie auch für das ARDS typisch ist, gekennzeichnet. Dabei kann es zu einer Inaktivierung des zugeführten Surfactants kommen [15]. Der Schweregrad des RDS wird wesentlich beeinflußt vom Vorhandensein einer intra- oder postnatalen Asphyxie, weiterhin vom Geschlecht sowie von Belastungen während eines Transportes. Ein Lungenödem im Rahmen eines persistierenden Ductus arteriosus (PDA) hat nicht selten einen Relaps zur Folge.

Andere pulmonale Erkrankungen können sich klinisch als RDS präsentieren. Eine neonatale Pneumonie ist oft radiologisch nicht vom RDS zu unterscheiden. Der Response bei Lungenhypoplasie (z.B. nach ultrafrühem Blasensprung) wird durch die anatomisch-strukturelle Störung der Lungenarchitektur eingeschränkt.

Neben den erkrankungsbedingten Faktoren ist der Therapieerfolg nach Substitution von der Art des verwendeten Surfactants abhängig. Die Schnelligkeit der möglichen bzw. notwendigen Reduktion von Beatmungsparametern ist bei den einzelnen Präparationen sehr unterschiedlich, insbesondere wenn natürliche mit artifiziellen Surfactants verglichen werden [16–22]. Zwei Stunden nach Applikation von Surfactant beträgt die F_iO_2-Reduktion bei einer natürlichen Präparation im Mittel 54% [18], während sie bei artifiziellem Surfactant 10% beträgt [22]. Dieser Unterschied besteht auch noch nach 24 h. Bei der Beatmungsbehandlung ist also die Kenntnis der Response-Charakteristik der einzelnen Präparationen von Bedeutung, es erscheint günstiger, Erfahrungen mit einem Präparat zu gewinnen, als ständig unterschiedliche Surfactants zu verwenden.

Surfactantapplikation: begleitende Maßnahmen und Beatmungsveränderung

Über den optimalen Zeitpunkt einer Surfactantsubstitution besteht augenblicklich noch keine Einigkeit. Vor allem ist noch unklar, ob eine prophylaktische Therapie der Rescuebehandlung des manifesten RDS überlegen ist [23–25]. In den meisten Zentren wird Surfactant als Rescuetherapie eingesetzt, während in einzelnen Abteilungen bei sehr unreifen Kindern die prophylaktische Gabe Anwendung findet.

Begleitende Maßnahmen	**Beatmungsveränderung**
1. Kind stabilisieren nach der Geburt. Behandlung einer Hypotension oder Anämie. Wenn Diagnose eines RDS sicher (Klinik, Röntgenbild) Surfactantsubstitution möglichst innerhalb von 60 min nach Geburt.	1. F_iO_2 nach pO_2 (40–60mmHg) oder SO_2 (90–95) regulieren
2. Vor Therapie: pCO_2/pO_2-Transcutansonde (pO_2 durchblutungsbedingt oft falsch niedrig, jedoch pCO_2 gut verwertbar und wichtig für Respiratoränderung). Pulsoxymetrie zur Oxygenierungsüberwachung, als ausschließliches Monitoring nicht ausreichend. Kontinuierliche Blutdrucküberwachung.	2. Beatmungsspitzendruck (PIP) nach pCO_2 regulieren (40–50 mmHg), ausreichendes Lungenvolumen erhalten.
3. Frühe PDA-Therapie mit Indomethacin innerhalb der ersten 24 h sinnvoll.	3. Wenn F_iO_2 anhaltend < 0,4 und PIP reduzierbar PEEP senken (5 → 3), IZ verkürzen. Wenn PIP < 18 cm H_2O → Atemfrequenz senken.

Abb. 3. Surfactantapplikation

Obwohl die Behandlung des manifesten RDS so früh wie möglich erfolgen sollte, ist es aufgrund des besseren Responseverhaltens sinnvoll, das Kind zunächst zu stabilisieren und eine Hypotension oder Anämie vorher zu behandeln. Die begleitenden Maßnahmen und Beatmungsveränderung nach Surfactantapplikation sind in Abb. 3 aufgelistet.

Die Respiratoränderung richtet sich nach dem jeweils angewendeten Beatmungsegime (hier durchgeführte Beatmung vor Surfactant: F_iO_2 und PIP wie angegeben, PIP möglichst nicht über 35 cm H_2O, Inspirationszeit IZ 0,35–0,45, PEEP 3–5, Atemfrequenz (40)–60/min; höher, wenn zur CO_2-Elimination notwendig).

Zusammenfassung

Der differente Einfluß der Surfactantsubstitution auf die unterschiedlichen pathophysiologischen Größen des RDS, unterschiedliche zugrunde liegende Erkrankungen und verwendete Surfactantpräparationen machen deutlich, daß die Beatmungsänderung nach Surfactant viele Punkte berücksichtigen muß, um eine sichere Therapie zu gewährleisten und Komplikationen zu vermeiden.

Literatur

 1. Halliday H (1989) Dev Pharmacol Ther 13: 173–181
 2. Avery ME, et al (1959) Am J Dis Child 97: 517–523
 3. Davis J, et al (1988) N Engl J Med 319: 476–479
 4. Bhat R, et al (1987) Pediatr Res (A) 21: 443
 5. Couser RJ, et al (1990) J Pediatr 116: 119–124
 6. Groneck P, et al (1990) Eur J Pediatr (A) 149: 374
 7. Bhutani V, et al (1992) J Pediatr 120: S18–23
 8. Goldsmith LS, et al (1991) J Pediatr 119: 424–428
 9. Walther F, et al (1987) Pediatr Res 22: 725–729
10. Opladen M, et al (1988) In: Lachmann B (ed) Surfactant replacement therapy. Springer, Berlin Heidelberg New York Tokyo
11. Charon A, et al (1989) Pediatrics 83: 348–354
12. Robertson B, et al (1991) Eur J Pediatr 150: 433–439
13. Fujiwara T, et al (1988) In: Lachmann B (ed) Surfactant replacement therapy. Springer, Berlin Heidelberg New York Tokyo
14. Hallmann M, et al (1989) Eur Respir J [Suppl 3]: 77s–80s
15. Ikegami M, et al (1984) J Appl Phyiol 57: 1134
16. Hallman M, et al (1985) J Pediatr 106: 963–969
17. Collaborative european multicenter study group (1988) Pediatrics 82: 683–691
18. Speer CP, et al (1988) Monatsschr Kinderh 136: 65–70
19. Speer CP, et al (1992) Pediatrics 89: 13–20
20. Gortner L, et al (1990) Monatsschr Kinderh 138: 8–12
21. Horbar JD, et al (1989) N Engl J Med 320: 959–965
22. Corbet A, et al (1991) J Pediatr 118: 277–284
23. Merrit TA, et al (1991) J Pediatr 118: 581–594
24. Kendig JW, et al (1991) N Engl J Med 324: 865–871
25. Dunn MS, et al (1991) Pediatrics 87: 377–386

Korespondenz: Dr. P. Groneck, Pädiatrische Abteilung, Kinderkrankenhaus der Stadt Köln, Amsterdamer Straße 59, D-W-5000 Köln 80, Bundesrepublik Deutschland

Die Entwöhnung des beatmeten Neugeborenen

F. Reiterer, S. Abbasi, J. Stefano, S. Pearlman,
V. K. Bhutani und W. Fox

Department für Neonatologie, Universitäts-Kinderklinik Graz, Österreich
University of Pennsylvania, School od Medicine, PA Hospital, and
Children's Hospital, Philadelphia, PA, USA

Für die Entwöhung und Extubation (Ext) beatmeter Neugeborener
werden häufig Methylxanthine wie Aminophylline oder Caffeine eingesetzt. In einer prospektiven, Placebo-kontrollierten Doppelblind-
Studie untersuchten die Autoren die Fragen:

1. ob eine frühe intravenöse Therapie mit Aminophylline oder Caffeine bei Frühgeborenen mit Surfactant behandelten IRDS die Entwöhung vom Respirator verkürzt und
2. welches die Auswirkungen auf die Lungenfunktion sind (Compliance = CL ml/cmH$_2$O/kg).

Frühgeborene mit IRDS (Geburtsgewicht zwischen 750 und 1500 g)
und erfolgter Surfactanttherapie wurden im Alter von 16–48 Stunden

Tabelle 1

Gruppe	Zahl Pat.	Zahl Ext.	Tage bis Ext.	CL vor Beginn	CL Tag 3
A	9	7 (78%)	4,3	0,37	0,65*
C	10	3 (30%)	2,7	0,53	0,40
P	8	5 (62%)	4,7	0,38	0,42

* p < 0,05

in eine Aminophyllin- (A), Caffeine- (C) oder Placebo-Gruppe (P) randomisiert. Die Studiendauer wurde auf einen Zeitraum bis 48 Stunden nach Extubation oder maximal 14 Tage beschränkt. Ergebnisse (Mittelwerte für Zeit bis Ext. und CL) von bisher 27 abgeschlossenen Studien in Tabelle 1.

Medikamentenspiegel (gemessen 2× wöchentlich) betrugen für A 13,82 ± 1,35 mikr.gm/ml und für C 21,5 ± 1,40 mikr.gm/ml (Mittelwerte ± SEM). Die bisherigen Ergebnisse der Studie zeigen

1. einen mit Aminophyllin vergleichsweise günstigeren Effekt auf Entwöhnungszeit und Extubationsfrequenz und
2. eine signifikante Verbesserung der Lungencompliance.

Korrespondenz: Dr. F. Reiterer, Neonatologische Intensivstation, Kinderklinik Graz, Auenbruggerplatz, A-8010 Graz, Österreich

Autorenverzeichnis

Sachverzeichnis

Erratum

Im vorjährigen Band 4 der Reihe „Intensivmedizinisches Seminar" (Multiorganver-sagen – E. Deutsch et al. [Hrsg.]) wurden in der Arbeit „Extrakorporale Therapiever-fahren" (S. Kääb et al.) auf S. 146 in der Legende von Abbildung 2 die Symbole für *„Responder"* und *„Non-Responder"* vertauscht.

Iván Kiss

Neuroanästhesie

1992. 18 Abbildungen. XIII, 117 Seiten.
Broschiert DM 38,–, öS 266,–
ISBN 3-211-82392-1

Das Buch ist die erste deutschsprachige, klinische Monographie über Neuroanästhesie. Im Rahmen der perioperativen anästhesiologischen Tätigkeit werden die Möglichkeiten der Senkung des intrakraniellen Druckes gesondert diskutiert. Die praktischen, anästhesiologischen Aspekte der einzelnen diagnostischen und operativen Eingriffe werden systematisch dargestellt. Bei der Planung der Anästhesie wird ein zweifaches Ziel verfolgt: Optimale Patientensicherheit und bestmögliche operative Verhältnisse. Entsprechend der Entwicklung der Neurochirurgie und Neuroanästhesie in den achtziger Jahren, werden die bewährten und neu etablierten Methoden hervorgehoben. Diese subjektive Auswahl unterliegt der klinischen Erfahrung des Autors und der Literatur.

Inhaltsübersicht: Präoperatives Management. • Allgemein anästhesiologisches Management. Besonderheiten der Neuroanästhesie. • Anästhesie für intrakranielle Tumorchirurgie. • Anästhesie für zerebrovaskuläre Chirurgie. • Anästhesie für Shuntoperationen. • Anästhesie zur Ausräumung nichttraumatischer intrakranieller Hämatome. • Anästhesie für stereotaktische Eingriffe. • Pädiatrische Neuroanästhesie. • Anästhesie in der Wirbelsäulenchirurgie. • Anästhesie in der Neuroradiologie. • Eingriffe in Lokalanästhesie. • Literaturverzeichnis. • Sachverzeichnis.

Preisänderungen vorbehalten

Springer-Verlag Wien New York

E. Deutsch, G. Kleinberger, K. Lenz,
R. Ritz, B. Schneeweiß, H. P. Schuster,
G. Simbruner, J. Slany (Hrsg.)

Multiorganversagen

10. Wiener Intensivmedizinische Tage, 21. - 22. Februar 1992

(Intensivmedizinisches Seminar, Band 4)

1992. 20 Abbildungen. VII, 184 Seiten.
Broschiert DM 59,–, öS 420,–
ISBN 3-211-82334-4

Das Multiorganversagen stellt eine der größten Herausforderungen in der Intensivmedizin dar. Aufgrund ausgedehnter Forschungstätigkeit konnten in den letzten Jahren neue Erkenntnisse in der Entstehung dieses bedrohlichen Krankheitsbildes und in dessen Beherrschung gewonnen werden. Hauptthema der 10. Wiener Intensivmedizinischen Tage war daher das Multiorganversagen, dessen wichtigste Referate im vorliegenden vierten Band des Intensivmedizinischen Seminars präsentiert werden. Im ersten Teil wird auf mögliche Ursachen wie Sepsis und Polytrauma eingegangen, wobei in einem eigenen Kapitel das Versagen der Zelle im Rahmen dieses Krankheitsbildes dargestellt wird. Der zweite Teil behandelt das Versagen der einzelnen Organe im Rahmen des Multiorganversagens. Im dritten Teil werden die Überwachungsmöglichkeiten von Organfunktionen und deren klinische Relevanz diskutiert, und schließlich wird im letzten Teil des Buches auf die Therapie des Patienten im Multiorganversagen eingegangen.

Preisänderungen vorbehalten

Springer-Verlag Wien New York